KB241470

# 루디's 커피의 세계, 세계의 커피

② 홈카페편

# 루디's
홍카페편

# 커피의 세계
# 세계의 커피 ②

1판 1쇄 발행 2009년 10월 20일
1판 7쇄 발행 2015년 12월 01일

저    자 | 김재현
출    력 | 카이로스
인    쇄 | 도담 프린팅

발 행 인 | 유영미
펴 낸 곳 | 스펙트럼북스

일원화 | 북센

등    록 | 제 312-2008-000036호
주    소 | 서울시 마포구 동교동 169-17 402호
전    화 | 070.7535.2958
팩    스 | 0505.220.2958
e-mail | atmark@argo9.com
Home page | http://www.argo9.com

ⓒ2009, 김재현

ISBN 978-89-93497-23-6  14590
ISBN 978-89-93497-00-7  (세트)

※ 값은 책표지에 표시되어 있습니다.
※ 〈스펙트럼북스〉는 아르고나인의 임프린트입니다.
※ 〈스펙트럼북스〉는 국내 친환경 인증 콩기름 잉크를 사용하여 인쇄합니다.

# 루디's
# 커피의 세계, 세계의 커피

② 홈카페편

김재현 지음

스펙트럼북스

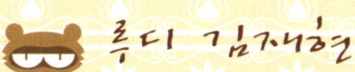 룽디 김재현

돼지띠에 물고기자리. 순천대학교 만화예술학과 졸업.

현재 모 출판사에서 만화 기획 및 편집,

웹마스터로 일하며 동분서주 중.

어느 날 문득, 자판기마다 커피 맛이 다른 것을

깨닫고 더 나은 자판기를 찾아다니다 스스로 커피를

만들어 마시기 시작.

단지 가장 저렴한 방법이라는 이유로 홈 로스팅을

시작하여 지금에 이르렀음. 다양한 분야에 관심을

가지지만 그만한 성과를 거두지 못하는

'다재무능'의 표상.

언젠가 자전거로 세계를 돌아다니겠다는

꿈 하나에 기대 오늘을 살아가는 중.

# 프롤로그

## 맛있는 커피는 무엇인가요?

루디 1권을 낸 이후로 가장 많이 받아본 질문입니다. 소박한 애호가에서 졸지에 커피 관련 저자가 되어 이런저런 질문에 답하다 보면 살짝 우쭐한 기분이 들기도 하지만 이런 질문을 받으면 여지없이 말문이 막힙니다. 그럴 땐 일단 얼버무리면서 정보를 가늠해 보지요. 이 사람은 평소에 인스턴트 커피를 마시니까 카페모카처럼 달달한 메뉴를 추천해 줘야 하나…? 아니, 어쩌면 어느 나라 커피가 맛있는 건지 물어보는 건지도 몰라. 그럼 보디가 약하지만 단맛이 많이 나는 예가체프를? 이리저리 머리를 굴리다보면 어느새 지친 상대방이 화제를 돌리고 저에겐 안타까운 마음만 남지요.

어디에나 커피를 마시는 사람이 있습니다. 거리에서 종이컵을 든 학생, 이슬 맺힌 테이크아웃 플라스틱 컵을 집어 드는 여대생, 사무실에서 다방커피를 마시는 부장님, 번잡한 수고를 마다하지 않고 일일이 커피를 볶아 내려 마시는 사람들. 객관적으로 보면 모두 다른 음료지만 각자에겐 자기가 제일 좋아하는 커피죠. 저도 이 모든 커피들을 마십니다. 커피라면 식전, 식후 30분이라거나, 기상 후나 취침 전을 가리지 않고 마셔대지요. 커피가 조금이라도 들어간 음식이나 음료를 편애하고 아끼는 저는 커피에 관한 한 무한한 잡식성을 가지고 있습니다.

어찌 보면 커피 애호가라고 말하기는 부끄러운 입맛인지도 모르겠습니다. 행위로만 보면 오로지 커피를 먹어치울 뿐인 인간이니까요.

하지만 저는 그 모든 음료들을 즐겁게 마셔 왔습니다. 커피를 마신다는 일 자체가 저에겐 즐거운 일이기 때문에 어느 것을 마셔도 기쁨의 크기가 다르지 않습니다. 모든 커피에는 각자의 기쁨이 있다는 것이 저의 모토입니다.

사실 제가 어디에 기준을 두고 우위를 두어야 하는지 가늠할 만큼 커피를 잘 알지 못하기 때문이기도 합니다. 제가 가진 커피에 대한 지식이 깊고 넓지 못해서이기도 하겠지요. 이것이 누군가 제게 커피에 관해 물어도 시원스레 답하지 못하는 이유일 겁니다. 스스로에게 같은 질문을 던진다고 해도 당당히 답할 자신이 없으니 말이죠.

저는 아직도 부족한 인간입니다. 아직 마셔보지 못한 커피와 겪어보지 못한 카페가 수두룩합니다. 저 질문에 답하기 위해 저는 계속 커피를 마시고 루디를 부릅니다. 언젠가 적당한 답을 찾을 수 있겠지요. 무작정 답을 찾아가는 저의 행보에 힘을 더해 주셔서 감사합니다.

루디 김재현 @rudycafe

# 커피에세이

# 루디, 커피가 궁금하다

# 루디, 커피를 만나다

# 루디, 커피로 건강하다

# 루디의 홈카페

# 루디, 커피를 즐기다

# 루디
## 커피
## 에세이

# 1 내가 산 한 잔의 커피는…

터벅
터벅

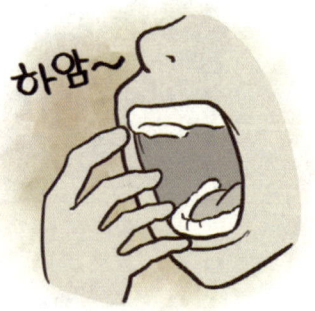

하암~

아우… 졸려…
어제 먹은 술이
아직도 덜 깼네…

부장은 자기가
늦게 나온다고 했으니
나는 늦지 말라는
이야기겠지… 젠장.

뒤척
뒤척

에휴,
나는 언제
부장되고
사장되나?

휴우….
비나이다~ 비나이다~.
오늘 보는 면접이
꼭 마지막 면접이 되도록!

이제 더 이상
집에서 엄마 눈치 보기도 싫고,
친구들이 연봉 얘기할 때
슬며시 눈 돌리기도 싫고,
술값 낼 때 되면
신발끈 매는 척하는 것도 싫어!

이제 건어물녀는 안녕!
취직하고 돈도 벌고
멋진 남자도 꿰차는 거야!

나는 이 이른 시간에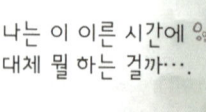
대체 뭘 하는 걸까…

이렇게 일찍 일어나서
공부만 하면 다 괜찮은 걸까?
대학에 가도 취업하기 힘들고
먹고살기 힘들다는데.

나는 왜 공부를 할까?
남들이 해서?
엄마가 하라고 하니까?
아무것도 모르겠어…

많은 사람들이
너를 찾아와서
동전을 넣고
버튼을 눌렀어.

저 사람들이
산 건 용기일까?
아니면 각오나
지혜?

글쎄…
저 사람들이 무얼
산지는 모르겠어.
하지만 분명 내가
저들에게 준 건…

그냥 싸구려 자판기 커피 한 잔이야.

# 루디
## 커피가
## 궁금하다

# 2. 커피에 필요한 건 뭐? 신선함!

야~ 좋다.
오늘 커피 향은
유달리 좋은데?

음, 이건
꽤 신선한 커피거든

그렇구나~.
역시 신선한 게
좋은 거겠지?

아무래도 그렇지.

며칠 후

여어~,
잘 있었어?

여,
또 왔네?

뭐?
너 직장 옮긴 지
얼마 되지도 않았잖아?

아 참, 나 회사
그만뒀다.

신선함이
필요해서 말이지.
그래서 커피도
생두를 먹고 있어.

제정신이냐…?

커피의 신선도는 매우 중요합니다.
신선한 커피와 오래된 커피의 차이는 매우 크지요.

하지만
신선한 커피가 좋다고
생두를 먹을 필요는
없습니다.

좋은 성분
이상한 성분

나쁜 성분

커피의 성분은 공기로 잘 날아가는
휘발성이 많은데 안타깝게도
좋은 맛과 향을 지닌 성분은 빨리
없어지고 나쁜 성분은 오래 남습니다.

신선한 커피와 오래된 커피를 구분하는 법은
크게 두 가지로 나뉩니다.

뜨거운 물을 부었을 때
팽팽하게 잘 부풀면
신선한 커피

향이 약하면
오래된 커피

신선한 커피를 마시기 위해선
원두를 조금씩 구입해서 먹거나,
추출하기 직전에 갈아주거나,
직접 볶아 먹는 등의 자잘한 수고가
필요합니다.

이를테면 질과 편의가 반비례한다고
할 수 있겠지요.

하지만 수고를 들이면 그 맛과 보람은 배로 늘어나지요.
좋아하는 것을 위한 수고는 즐거움입니다.

신선하게
여자친구도 바꿔볼까?

···정신 차려라.

22

# 3 섞으면 새로운 맛 – 커피 블렌딩

흠흠흠~

음, 좋군.

자, 먹어라.

이야~

우와~
맛있는 냄새가
나는구나~.

우동 국물 같은데…
자장면 같기도
하고…?

…이건 뭐지?

'우짜'라고 하지.
우동에 자장을 섞은 거야.

*실제로 있는 음식입니다.

23

일단 먹어봐.

아니…
이런 걸 어떻게….

우와…
색깔 봐….

후루룩

후루룩

!!!!

!!!!

이… 이거
생각 외로 먹을 만하잖아!
어찌 된 일이지?

음, 고소하고
느끼하지 않아!

후후,
맛은 섞이면서
창조되는 거야.

음음,
맛있군.

후루룩
후루룩

생각 외의 것들이 섞이면 새로운 맛이 나기도 합니다.
커피도 새로운 맛을 찾기 위해 원두를 섞곤 합니다.

언제나
같은 커피를 마시다
질려버릴 수도
있으니까요.

블렌딩을 하는 목적은 보완과 상승입니다. 단종 커피에 부족한 맛과 향을 더해주거나 커피 회사에서 특성이 같은 생두를 대체 사용하여 품질과 원가를 유지하는 데 쓰입니다.

두 가지 목적을
모두 이룰 수 있다면
더할 나위가 없겠지요.

각각 커피마다 특성을 생각해 섞어주면
자기 취향에 맞는 자기만의 블렌드를 만들 수 있습니다.

-중성적이고 부드러움, 블렌딩 베이스: 브라질 산토스

-상큼한 맛: 코스타리카, 콜롬비아, 과테말라

-풍부한 보디: 모카 자바, 멕시코

-달콤함: 수마트라 만델링, 인도 몬순

-풍부한 향기: 케냐, 과테말라, 뉴기니, 예멘

-중후하고 조화로움: 술라웨시 토라자

RUDY BLEND

브랜드 커피는
그 카페의
대표 상품(브랜드)으로
블렌드 커피의
일종이라 할 수 있죠.
브랜드 커피는
카페 주인의
실력을 가늠해 보는
요소가 됩니다.

# 4 깐깐한 커피, 수치로 재는 커피
## – 커피와 과학

이 디카, 잘 보이지 않는
아랫부분 커버에
1.5mm정도 흠집이 있군요.
이런 상처난 제품을
살 순 없습니다.

드래곤마운틴

아, 예…

깐깐한 남자 N군의 일상.

김밥지옥

이 볶음밥,
밥알의 30%가
달걀로 감싸지지
않았군요.
이런 불완전한 음식을
먹고 돈을 낼 순
없습니다.

…그러슈….

이 황금잉어빵은
붕어빵과
같은 모양이군요.
이런 속임수 식품에
돈을 낼 순 없습니다.

아, 그래요….
난 군고구마
장수인데….

27

이 커피,
추출 수율이 16%밖에
되질 않는군요.
이런 불완전한 커피에
돈을 낼 순 없습니다.

…너 사실은
그냥 구두쇠지?

커피는 감각적인 평가가 우선되는 식품입니다.
하지만 보다 정밀한 테스트를 위해
과학적인 검사를 실시하기도 합니다.

SCAA(미국 스페셜티 커피 협회)의
'골든 컵' 심사 때 실시하지요.

## 1. 농도
추출 커피의 이상적인 농도는 1.15~1.35%입니다.
심사 때는 TDS 측정기로 측정을 하지요.

### 옅다

### 짙다

## 2. 추출 수율

원두에서 가용성 성분이 얼마나
커피에 담겼는지를 평가하는 수치입니다.
에스프레소는 27~30%,
일반 드립은 18~22%를 추출했을 때가
가장 인기 있는 수율이라고 합니다.

## 3. 산성도

PH

산성도는 커피의 중요한 평가
기준의 하나로 고품질의 커피는 낮고
저품질의 커피가 높습니다.
산미의 측정 기준이 됩니다.

## 4. 수질

물은 커피에서 매우 중요한 요소입니다.
성분은 철분이나 염소가 없고
무기질 함량이 50~100ppm인 것이 좋습니다.

불완전함과 유동성은 커피의 큰 매력입니다.
기계를 사용해 수치를 내는 것은
헛된 고생처럼 보일 수도 있지요.

하지만 완전함보다는 불완전함을 극복하려는 그 노력이
더 멋지게 느껴지기도 합니다.
아마도 사람이 살아가는 것도 이와 같을 테니까요.

# 5 반짝반짝과 번들번들 – 커피 오일

후아~
개운하다.

목욕도 했겠다,
커피 한 잔 어때?

넌 시도 때도 없이
커피냐….

응? 다들
목욕하고 왔어?

어, 너는
목욕 안 하냐?

몰라,
귀찮아…

……

어이구,
이 더러운 인간아….
마음은 더러워도
몸은 깨끗해야지.

!!!!

? ?

그렇군.
기름의 수수께끼는
모두 풀렸다!

? ?

잘 볶아진 신선한 원두는 표면에 기름이 보입니다.

커피를 볶으면 1차 팝핑이 일어날 때부터
조금씩 기름이 배어나오기 시작합니다.

수분과 함께
기름이 증발하며
기름 향이 섞인
냄새가 나기 시작하지요.

로스팅 정도에 따라 기름이 더 많이 보이는데
은은하게 보이는 정도는 드립용, 약간
비추어 보일 때는 모카프레스용등으로
용도를 구분할 수 있습니다.

풀 시티나 프렌치 로스팅은
아주 번들번들하죠.

여기서 주의해야 할 점은 오래된 커피에서도
기름이 배어나온다는 것입니다.

사람의 피부처럼 반질반질하더라도
'윤기'와 '기름기'처럼 질감에 차이가 있지요.

막 씻은 촉촉한 피부                안 씻은 지성 피부

촉감에서도 차이가 나니 생각보다 원두가
번들거린다면 로스팅 날짜를 확인해 보시길.

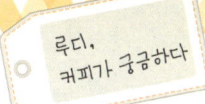

# 6 커피와 맥주의 공통점? – 물의 중요성

꿀꺽 꿀꺽
호록
캬하~
좋다~!
후우….
휴우, 맥주는
팍!하고 채워주는
느낌이 너무 좋아!
커피는 어때?
확! 하고
깨워주는 느낌이지.

후후,
정반대로군.

아니,
그렇지만도
않아.

응?
그럼?

굉장히
커다란 공통점이
있거든.

커피와 맥주의 가장 큰 공통점은
물의 차이가 맛에 큰 영향을 끼친다는 점입니다.

맥주의 99%는 물이죠.
커피도 99%가 물입니다.
물은 모든 음료의 근본이죠.

물은 조금씩이지만 모든 물질을 녹일 수 있습니다.
그 녹아있는 물질의 함량에 따라 음료의 맛이 달라집니다.

미네랄 함량이 적은
연수로 추출했을 때는
단맛이 두드러집니다.

SWEET TASTE

BITTER TASTE

반대로 경수로
추출했을 때는
쓴맛이 두드러지지요.

수돗물에는 염소 성분이 들어 있어 커피에서
염소 냄새가 나며 커피 기구에 염소가 남아
맛과 향에 영향을 끼칩니다.
가급적 정수된 물을 쓰고 수돗물을 사용할 땐
미리 받아서 하루쯤 가라앉힌 후 웃물을 떠서
사용하는 것이 좋다고 합니다.

또 커피에 사용할 물은 끓기 직전의 것이 좋으며
한 번 끓인 물을 다시 끓여 사용하는 것은 좋지 않습니다.

물에 포함된 산소의 양,
즉, 산소용적량 때문입니다.
그런 이유로 전기포트보다
주전자로 끓인 물이
더 좋다고 하네요.

모든 물질의 기본인 물은 역시 커피에서도 기본입니다.

사족

이전에 순수한 물로 만든 커피를 마셔보고 싶어 약국에서 증류수를
사다가 원두커피를 내린 적이 있습니다.
감상은… '어색할 정도로 깔끔한' 맛 이었죠. 지나치게 깔끔한 것도
그리 좋지만은 않다는 걸 실감할 수 있었습니다.

# 7 모여서 커피를 이루다 – 커피의 성분

이것은 루디입니다.

이것은 루디일까요?

이것은 어떤가요?

이런 성분들이 모두 모여야 루디가 됩니다.

그렇다면 어떤 성분들이 모여야 커피가 될까요?

먼저 성분 목록을 살펴보도록 하지요.

성분의 함유량은 각각 품종과
토양에 따라 달라집니다.

크게 수분, 단백질, 탄수화물, 지방,
무기질, 유기산, 카페인, 타닌 등으로
나눠볼 수 있습니다.

산지마다 커피 맛이
다른 이유도 여기에 있지요.

휘발성이라
쉬이 날아가지요.
그러니 커피는 가급적
신선하게 드세요!

커피의 단백질, 탄수화물, 지방,
유기산은 볶는 동안 높은 열을 받아
커피의 향과 맛을 내는 알코올, 알데히드,
케톤, 에스테르, 질소화합물, 카페올 등
각종 휘발성 물질로 변합니다.

37

당은 캐러멜화되어 짙은 갈색으로
변하지요. 갈색으로 변한 당은
쓴맛을 내고 변하지 않은 당은
단맛을 냅니다.

커피의 색과 맛,
향을 내는
중요한 성분이죠.

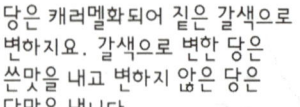

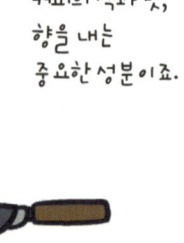

떫은 맛을 내는 타닌은 온도에 민감
합니다. 뜨거운 물에서는 분해되거나
변질되고 저온에서 잘 녹지요.

너무나도 유명한 성분인
카페인은 쓴맛을 냅니다.
물론 쓴맛을 내는 성분은
마그네슘, 클로로제닉산 등
여러 가지가 있습니다.

여러 번 추출한 커피가 떫은 것은 커피에서
타닌이 점점 많이 나오기 때문입니다.

이 많은 성분들이 모여 수많은 사람을 매혹시켰습니다.
이 중 하나라도 빠지면 그 매혹적인 커피 맛이 나지 않겠지요.

많고 적음이야
있겠지만,
아예 없다면 분명히
부족함을 느끼겠지요.

# 커피 마시지 마! – 커피 금지령 이야기

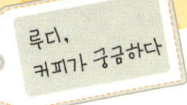
루디, 커피가 궁금하다

안 돼!

씨이~
왜 안 돼요!

커피 마시면
머리 나빠져!

씨이~
그럼 어른들은
왜 커피 마셔요!

…아, 아무튼
안 된다면
안 되는 줄 알아!

오늘날 알 수 없는 이유로 아이들의 커피 마시기가 금지되어 있는 것처럼, 과거에도 대중에게 커피를 마시지 못하게 하던 때가 있었습니다.

무대는 커피가 발견되어 갓 전파되기 시작할 무렵의 메카

나는 메카의 총독 '하일 베이 미마르'라 하오.

요즘 종종 보이는 풍경인데 백성들이 기도하러 모여서는 시꺼먼 물을 돌려 마시더군.

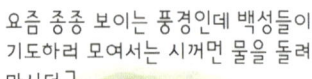

그 '카와'라는 물을 마시면 정신이 맑아진다나 뭐라나…? 그러면서 모여 가지고는 나나 정치에 대해서도 토론을 한다지 뭐요. 건방진 것들 같으니.

그래서 얼마 전 회의를 열어
카와의 금지 여부를 논의했지.
결과는 커피 금지 찬성이었고.
뭐, 꼬나풀 의사 두 명을
쓰긴 했지만 다 알라의
뜻 아니겠어?

저, 총독님.
카이로 중앙정부에서
온 전언입니다.

응? 뭐야? 내 업적을 칭찬하러?
아~ 거참, 민망하게.
난, 당연히 해야 할 일을 한 것뿐인데.

술탄께서 보내신
말씀입니다.
'나도 마시는 카와를
왜 네가 먹지 말래니?
넌 해고다, 임마'
라고 하시는군요.

이렇게 하일 베이 미마르는 총독직에서 해임당하고
커피 금지령은 철회되었습니다.

메카의 커피 탄압은
이렇게 실패했습니다.
그리고 커피 탄압은
이후에도 계속되지요.

이번 금지령 이야기의 무대는 17세기의 영국입니다.

안녕하시오.
난 평범한 영국의 의사
'노네임'라고 하오.

무역 강국인 우리나라는
유행에도 민감하지요.
그래서 이국에서 들여온
최신 음료인 커피가
엄청나게 유행했지.
1652년에 최초의
커피 하우스가 생긴
이후로 엄청나게
마셔대고들 있소.

그런데 이 커피 하우스가
런던에서 인기가
있던 이유가 있소.
토론과 정보 공유,
심지어 편지까지 오가며
20세기 한국의 인터넷 같은
역할을 한거요.

그러다 보니 정부에서
여론이 형성되는
커피 하우스를 안 좋게 보아
커피 하우스 철폐령을 내렸지만
너무 근거가 없어 실패했소.
게다가 커피가 몸에 좋다는
소문도 무성해졌거든.

커피는 알코올 해소 기능이 탁월해
숙취에 효능이 좋소.
게다가 통풍, 괴혈병, 편두통,
천식 등등
수많은 병을 치료할 수 있는
만병통치약이라고!
그래서 나도 커피랑 약을
같이 처방해 돈 좀 벌었지.

*어느 시대에나 과장하기
좋아하는 사람들이 있는 법이죠.
커피는 만병통치약이 아닙니다.

그런데 영국 사람들이
요즘엔 홍차를 더 많이
마신단 말이오.
갑자기 무슨 일인지 원…

그건
우리 여성들의
활동 덕분이지요.

일도 안 하고 커피 하우스에서
노닥거리는데다
불능인 남편을 내버려둘
아내가 어디 있어요?
당신도 커피 금지예요!

응? 뭐라고?

*이것도 과장된 지식의
일부입니다.

정말 여성 운동의 결과였는지는 모르지만
정부에서도 홍차 소비를 적극 권장한 탓에
영국은 커피보다 홍차를 많이 마시는 나라가 되었습니다.

커피가 퍼지기 시작할 무렵의
오해와 편견 때문에 생긴 사건들은
커피의 매력이 얼마나 무궁무진한지
알려주는 좋은 사례들입니다.

지금은 세계인들이 가장 많이 마시는 음료인 커피이지만,
그 한 잔이 우리 앞에 있기까지는 정말 많은 일이 있었습니다.

**9** 커피에서 거품이 나요

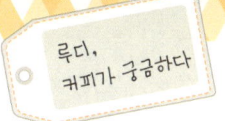

드립 때 나오는 커피 거품은 볶을 때 생기는 가스로
원두 내부 수분이 카본 다이옥시드라는 물질로 변해 생깁니다.

카본 다이옥시드가
빠져나갈 때
일어나는 현상이
바로 팝핑이죠.

이 가스는 커피의 향기에도 영향을 끼치고 표면의 오일이
공기에 닿는 것을 막아 산화를 방지하기도 합니다.

갓 볶은 커피에서는 소위 '불내'라는 냄새가 납니다.
그 원인이 바로 가스이지요.

그래서 볶은 후 며칠이
지난 커피가 제일 맛있다는
말이 있지요.
하지만 어디까지나 주관적인
취향일 뿐이라고 생각됩니다.

신선한 커피를 드립할 때 생기는 거품이 바로 가스입니다.
오래된 원두는 거품이 적어 눈으로 신선도를 판별할 수 있지요.

예외가 있지요.
강배전한 원두는
표면이 다공질이라
덜 부풀어 오르는 경향이
있습니다.

47

# 루디

## 커피를 만나다

# 10 굿모닝, 베트남 커피!

베트남에서도
커피가 나온다고?

그래. 로부스타가
대부분이긴 하지만.

호오…
의외네…?

인도네시아에 이어
아시아 2위의
커피 생산국이라고.

호오…. 그래서
지금 내리는 커피가
베트남 커피란 거군.
나도 한 잔 줘.

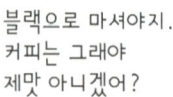

그래?
어떻게 줄까?

블랙으로 마셔야지.
커피는 그래야
제맛 아니겠어?

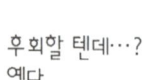

후회할 텐데…?
옜다.

우호호.
잘 마실게.

이… 이거 뭐야…?
왜 이리 써…?

그러게
후회한다니깐

베트남 커피는 단 커피에 익숙한 우리나라 사람이
스트레이트로 마시기엔 다소 쓴 편입니다.

보통 베트남 커피를 마실 때는 연유를 타서 먹습니다.

일반적으로 넣어 먹는 크리머 보다
2~3배가량 진하죠.
그래서 밀크커피가
우리나라보다 훨씬 진합니다.

베트남의 특색 있는 커피 추출
도구는 '커피 핀' 입니다.

별다른 추가 도구 없이 오직 핀 하나만으로
커피를 내릴 수 있다는 장점이 있지요.

커피 핀의 사용 방법은 다음과 같습니다.

1. 커피 핀과 연유를 준비합니다.

2. 커피를 추출할 잔 안에 연유를
   넣습니다.

3. 핀의 뚜껑을 열고 핀 프레서를
   꺼냅니다.

4. 핀 바닥에 분쇄한 커피를 넣고 프레서로 표면을 평평하게 만들고 덮어줍니다.

5. 드립을 하는 것과 같은 요령으로 물을
부어줍니다.

커피를 적실 정도로 물을 붓고 뜸을
들인 뒤 추출할 분량의 물을 붓고
뚜껑을 덮습니다.

6. 연유 위에 커피가 떨어지며 섞이면
추출 완료!

부드럽고 달콤한 연유는 몹시 쓴맛의 베트남 커피와
잘 어울려 고소한 맛을 냅니다.

쌉쌀한 맛 뒤에 느껴지는 달콤함이 매력적인
베트남 커피를 만나세요!

에스프레소
한 잔 주세요.

손님,
에스프레소는…

아, 저도
에스프레소 하나.

네….
여기요.

헤헤, 나도 이제
에스프레소를
마실 줄 안다고.

아, 그래. 성장했다고
칭찬해 주면
좋아할 테냐?

후후,
잘 봐라~

?

흡!

!!

캘록, 자… 어때?
나도 이제
잘 마실 줄 안다고.

…아주 그냥
초딩이 한약 들이
켜듯 하는구나.

뭐야? 이게 이래 봬도
정통 이탈리아식 에스프레소
마시는 법이라고!

정통 초딩식이 아니고?

　　　실제로 이탈리아에서는 커피를
'마신다' 기보다 '들이켠다'고 표현할 수 있을
만큼 한입에 털어넣어 마신다고 합니다.

　　　물론 때와 상황, 사람에 따른 차이는
있겠습니다만 아마도 에스프레소 종주국인
이탈리아에서는 에스프레소의 의미에 빨리
추출하는 것뿐 아니라 빨리 마시는 것도
포함되어 있어서가 아닐까요?

이탈리아는 커피 종주국이라고 할 만큼
커피 산업에 많은 영향을 끼쳤습니다.

에스프레소 도
이탈리아어

바리스타도
이탈리아어

에스프레소 기계는 1901년 베제라(Bezzera)가 발명했습니다.

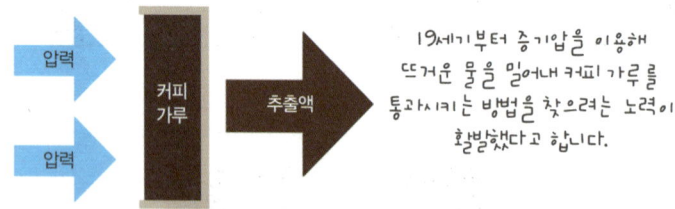

압력

커피
가루

추출액

압력

19세기부터 증기압을 이용해
뜨거운 물을 밀어내 커피 가루를
통과시키는 방법을 찾으려는 노력이
활발했다고 합니다.

'에스프레소'라는 말을 누가 만든 것인지는 알 수 없지만
에스프레스의 뜻으로 미루어보아 기계가 나온 후에 생긴 이름이라고 생각됩니다.

영어 'express'는 '표현하다'는 뜻과 '급행'이라는
뜻을 가지고 있지요. '빠르게 표현하는' 에스프레소 이기에
그런 이름이 붙은 것이 아닐까 합니다.

☆ ☆ ☆ **ex·press** (iksprés) v., a., n., ad.
— vt.
**1** 〈감정·생각 등을〉 **표현[표명]하다**(show);〈사상 등을〉 표현하다

**5** 〈열차·버스 등이〉 **급행의**(cf. LOCAL)

본토 이탈리아의 에스프레소는 각별하다고 합니다.
어디에 가도 제대로 된 에스프레소를 맛볼 수 있다는군요.

저는 이탈리아에
가본 적이 없어서
모르겠습니다.

에스프레소 바리에이션 메뉴도
다양합니다.
스타벅스의 CEO 하워드 슐츠도
이탈리아에 다녀간 후
그것을 미국에 들여올 생각을
했다고 하더군요.

오 마이 커피!

카푸치노 등 우유가 들어간 커피는 보통 아침 식사용으로 마시고
오전 11시 이후에는 잘 마시지 않는다고 합니다.

tourist…

그 시간 이후에 카푸치노를
마시고 있으면 다 관광객으로
보아도 무방하다더군요.

하지만 그건 어디까지나 이탈리아의 이야기.
한국에선 나름의 마시는 법이 있다고 생각합니다.

한국에선 케이크도
나무젓가락으로
먹어도 이상하지 않죠.

에스프레소는 이탈리아를 벗어나 세계로 나왔습니다.
커피 한 톨 나지 않는 이탈리아의 에스프레소는
전 세계 사람들에게 사랑받고 있습니다.

# 12 커피 우수상 – COE

흠흠~

어떤 커피를
먹어볼까나~.

이거 어때?

흠?
브라질 거네?

아님 이거라든가.

코스타리카라….
응?
이건 뭐지?

둘다 COE라고 쓰여 있네?
원래 농장이나 생산지 이름이
써 있는 것 아니야?

보통은 그렇지.
하지만 그건
특별한 것이니까.

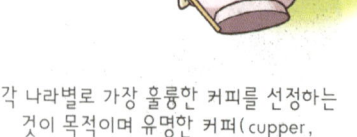

COE는 Cup Of excellence의
약자입니다.

직역하면
컵 우수상?

각 나라별로 가장 훌륭한 커피를 선정하는 것이 목적이며 유명한 커퍼(cupper, 커피 평가자)들이 5번 이상의 과정을 거쳐 선발합니다.

이전에는 국내에서 COE를 구하기가 상당히 어려웠지만 지금은 그리 어렵지 않게 구할 수 있다고 합니다.

우수한 성질의 커피를 선정하고 알려 커피의 품질을 높이는 것이 목적이지요.

수입처가 적고 가격도 만만치 않지만 구할 수는 있습니다.

# 13 아무래도 모든 것이 귀찮은 날에는
## – 인스턴트 커피

여, 루디,
자전거 타러 가자.

야, 커피 마실래?
네가 내리는 걸로.

…맞을래?

해줘~.
해주면 나중에
맛있는 거 사줄게.

……아우……

오오, 커피~.

……?!
이거 인스턴트잖아?

아~ 몰라.
오늘은 모든 게
귀찮은 날이야.

한국은 커피 소비량은 세계
10위권이지만
인스턴트 커피 소비 비율은
9 : 1에 가까운
인스턴트 커피 대국입니다.

그래도 요즘엔
원두커피의 소비율이
점점 늘어나고 있습니다.

하지만 제조 중에 대부분의 향이 날아가 버리는
인스턴트의 특성 탓에 원료가 싼 로부스타를 주로 사용합니다.

그리고 주로 소비되는 품목은 커피 믹스.
소위 '간'을 맞춰둔 간편함은 간편하기 이를 데 없습니다.

하지만 이제 인스턴트 커피도 세분화되고 있지요.

# 14 편리? 또는 퇴보?
## – 인스턴트 커피의 역사

하아~
커피 마시고 싶다….

…….

야~
나 커피 마시고
싶다니까~ ?

네가
직접 해.
난 바쁘다고.

쳇, 구두쇠
같으니라고.

찬장 두 번째 서랍에
인스턴트 커피 있으니까
그걸로 마셔.

그래, 알았다.　　그래, 그리고　　…….　　　　　　뭘 봐?
　　　　　　　　올 때 내 것도　　　　　　　　　　　빨리 다녀와.
　　　　　　　　한 잔 부탁해.

인스턴트 커피는 점차 빨라지는
사람들의 생활 패턴을 위해 개발되었습니다.

인스턴트 커피가 인기 있는
나라는 대부분 개발도상국 등
소위 '바쁜' 나라이죠.

처음으로 인스턴트식 커피가 개발된 시기는
미국 남북전쟁때로 추정됩니다

전쟁에 지친 병사들은
총 개머리판에 분쇄한 커피를
담아갈 정도로 커피를 원했죠.

그래서 북군은 곱게 간 커피와 우유, 설탕을 섞어 캔에
담은 보급품을 병사들에게 지급했습니다.

WOW!

분말 건조 방식의 커피를 처음 개발한 사람은
영국인 조지 워싱턴인데 초기엔 별 호응을
얻지 못했습니다.

발명자가 일본인 가토박사라는
주장도 있습니다.
하지만 특허 등록이 조지 워싱턴으로
되어 있더군요. 인스턴트 커피의 정확한
개발자는 불확실하다고 합니다.

그러나 1차 세계대전이 발발하면서 군대에서
재고품을 모두 구입해 큰 성공을 거두게 됩니다.

경 입 대 축

게다가 곧 2차 세계대전이 터지면서
미군에 의해 인스턴트 커피가 전 세계에 퍼지게 되었습니다.

효율성이 중요한
군대의 특성과 맞아서일까요,
인스턴트 커피의 성장은
전쟁과 떨어뜨릴 수가
없습니다.

한국에서도 인스턴트 커피에 대한 수요가 늘면서
1970년 동서식품에서 만들기 시작했습니다.

인스턴트 커피가 한국에서
퍼지게 된 계기도
6·25 전쟁 때문이었을
것이라고 생각합니다.
참 슬픈 역사라고
할 수 밖에요.

인스턴트 커피 때문에 커피 발전이 늦어졌다는 말도 있지만
저는 인스턴트 커피 또한 훌륭한 커피 문화라고 생각합니다.

어디서나 간편하고 편리하게,
커피를 즐길 수 있는 것만도 큰 행복이니까요.

# 15 인스턴트 커피들의 수다

한국에서 커피가 점점 인기를 끌면서
인스턴트 커피의 종류도 점점 다양해지고 있습니다.

오늘은 다양해진
인스턴트 커피들을 모시고
이야기를 들어보도록
하겠습니다. 안녕하세요?

네, 안녕하십니까.

첫 번째 손님은 한국
커피계의 베스트셀러,
커피믹스 씨입니다.

네,
반갑습니다.

제 장점은 뭐니
뭐니 해도 간편함이죠.
국민성에 부합(?)하는
신속함과 황금비율로 맞춘
감칠맛이 장점이랄까요.

요즘엔 아라비카를 쓰기도 하고
한국에서 최초로 발명되어 외국에 수출까지
하고 있는 효자 상품이지요.

흥, 하지만 커피믹스는
뱃살의 주범이자
건강의 주적이지요.
이제 대세는 저,
크리머와 설탕을 확 줄인
웰빙 블랙커피입니다.

풋,
고작 크리머와 설탕만
줄여놓고 웰빙 커피?
진짜 건강 커피는 폴리페놀
함유량을 두배로 늘린
저 같은 커피를 말하는
겁니다.

폴리페놀 : 항산화 작용으로 질병을 예방하고
콜레스테롤 수치를 줄여주는 성분.

흥, 문제는 다양성이야.
나는 찬물에도 잘 녹는
아이스 커피믹스지.

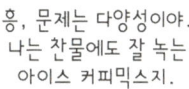

나는 부드러운 거품을
낼 수 있는
카푸치노 믹스라고.

뭐야?
가짜 바리에이션
커피 주제에!

너 같은 커피 때문에
사람들이 게을러지는 거야!

이놈!

이놈!

이놈!

역시 커피는 자기 입맛대로 골라 먹는 것이 최고겠죠?
그럼 이상으로 인스턴트 커피들의 수다를 마치겠습니다.

# **16** 커피는 어떻게 구분될까? – 선물거래

이번이 마지막 기회야...
더 이상 놓칠 순 없어…!

지금이다!

해냈다! 성공이야!
드디어 내 것이다!
한정판 빨간 치마
앨범 예약판!!

이런 정도는 아니지만
선물거래는
커피 무역에도
사용됩니다.

커피가 재배되기 전, 종류를 구분하여 거래하지요.

즉, 커피의 품질을
예측해 구분해둔 것입니다.
총체적인 커피 품질에 따른
구분이라 할 수 있겠죠?

먼저 아라비카 언워시드 커피
( Unwashed Arabican Coffee )가 있습니다.

자연 건조 방식으로 정제된
아라비카종의 커피로
상급품부터 저급품까지
차이가 심합니다.

그리고 콜롬비아 마일드 커피
( Colombian Mild Coffee )가 있습니다.

이름은 콜롬비아지만 실은
콜롬비아, 케냐, 탄자니아에서
나온 커피의 총칭입니다.
콜롬비아 커피는 세계에서
가장 안정된 품질을 자랑하며
상급 커피는 아라비카
수세식 커피 중 최고급이죠.
그래서 상급 수세식 커피를
통틀어 콜롬비아 마일드라고
부릅니다.

그리고 콜롬비아 마일드 커피를 제외한
아라비카종의 수세식 커피를
마일드 커피(mild Coffee )라고 합니다.

품질은 상하로 다양하며
대개 생산량이 불안정한
국가의 커피입니다.

과테말라, 자메이카, 쿠바,
아이티, 페루, 멕시코, 인도,
온두라스, 코스타리카, 베네수엘라,
파나마, 루완다, 브룬지, 에콰도르,
도미니카, 니카라과, 파푸아
뉴기니, 짐바브웨 등등

그리고 아라비카 커피 생산량 1위의
브라질 커피(Brazil Coffee)도 있지요.

브라질의 작황에 따라
국제 커피 시세가 영향을
받지요.
브라질의 자연 건조식
아라비카종을 기준으로
다른 커피의 가격이
결정되기도 합니다.

어마어마한
원두 생산량

마지막으로 로부스타 커피 (Robusta Coffee)입니다.

난 싸구려 커피…
하지만 내 여자에겐
따듯하겠지?

로부스타종의 커피는 품질과 등급에
따라 가격차이가 심합니다.
고급과 저급의 가격이 3배가량
차이가 난다고 하는군요.

인도네시아, 마다가스카르, 우간다, 카메룬,
필리핀, 토고, 앙골라, 베트남 등이
주요 생산국입니다.

# 17 싸구려 커피를 마신다? 천만에!

커피 가격, 어떻게 생각하십니까?

개인적으로 한국 커피 전문점들의 커피 가격은
지나치게 비싼 편이라고 생각합니다.

환율이니 뭐니
핑계를 붙인다고
납득할 수 있는
수준이 아니지요.

가격에 대한 논쟁은
끊이지 않지만, 계속
팔리고 있으니 만족도도
판단할 수 없지요.

물론 소비자의 만족도와
맛과 향 등 질적인 측면
또한 중요하지만 판단
기준은 사람마다 다릅니다.

쓴맛

단맛

냄새

그래서 요즘은 중저가 커피 시장이 고개를 들고 있습니다.

개인적으로 이 커피들의 품질은 기존 전문점 커피에
뒤지지 않는다고 생각합니다.

아무래도 후발 주자인만큼
신경을 쓴 부분이
있다고 할까요.
특히 '신선도' 부분에선
앞서고 있다고 생각합니다.

하지만 대부분의 사람들이 커피 전문점에 가는 이유는
커피를 마시기 위해서만이 아닙니다.

'분위기'를 파는
전문점의 장점 또한
무시할 수 없지요.
그래서 양쪽의 우열을
가리기는 힘듭니다.

하지만 선택은 여러분의 몫입니다.
누가 뭐라고 해도 자신이 즐거운 길을 택하세요!

## 18 공정 거래 커피를 아시나요?

커피는 국제 시장에서 석유
다음으로 많이 거래되는
품목입니다.

그런데 이상한 점이 있습니다.
석유 유전을 가진 사람들은
세계에서 손꼽히는 갑부들이지만,
커피를 재배하는 사람들은
빈민층입니다.

우리가 지불하는 커피 가격에서 생산 농가의
몫이 너무 적기 때문입니다.

주요 커피 생산지의 시장 구조가 취약해 중간
업자들이 폭리를 취하고 있기 때문이지요.
영국에서 팔리는 커피 가격에서 우간다 커피
농가의 몫은 0.5%뿐이었다는 옥스팜의
보고도 있었습니다.

'공정 거래 커피(Fair trade coffee)'는 이런 불평등을
해소하기 위해 만들어진 커피 거래 제도입니다.

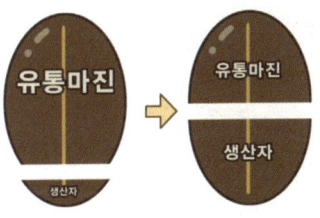

커피 거래 가격의 최저선을 정하고
중간 유통 마진을 줄여 커피
생산자에게 정당한 몫을 배분합니다.

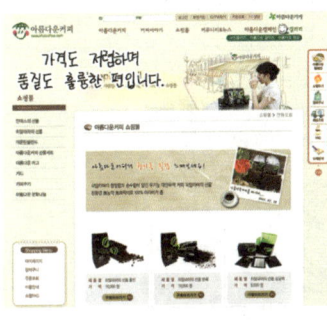

우리나라에도 공정 거래 커피가
판매되고 있습니다.

공정 거래 커피는 단순히 자선의
의미만을 가지는 것은 아닙니다.

소비함으로써 얻는 자부심, 만족도를 중요시한
능동적인 소비자로서의 선택이지요.

"우리는 원조를 바라지 않는다.
학교를 짓고, 차를 사기 위해 매년 기부금을
받는 것만으로는 문제가 해결되지 않는다.
우리가 가난에서 허덕이지 않도록 돕기 위한
최선의 방식은 우리가 생산하는 커피에
정당한 가격을 지불해 주는 것이다."

–멕시코 치아파스 주의 한 커피 농부

# 19 강릉 보헤미안 – 커피 여행

어느 날 문득,
고수의 커피가 마시고 싶어졌습니다.

혼자서만
커피를 마시다 보니
좋은 커피의 기준이
모호해지는
기분이 들더군요.

그래서 평소 동경하던 박이추 선생님의 강릉 보헤미안 카페에 가보기로 했습니다.

기차에 자전거를 싣고 강릉으로 갑니다.
접이식이긴 하지만 들고 다니려면 꽤
귀찮습니다.

모처럼 강릉에 왔으니 정동진에
가봅니다. 해가 뜨고 있지만
구름이 많아 해가 보이지 않습니다.

포기하고 돌아서려는데 해가
보이기 시작했습니다.
말갛게 씻은 얼굴,
고운 해가 솟았습니다.

기분이 좋아져서 한참 바라보다가
보헤미안을 향해 출발합니다.
바다색이 좋아 기분도 좋습니다.

페달을 밟은 지 3시간이 돼서야
목적지에 가까워졌습니다.
몸이 피곤하니 머리도 피곤한 기분입니다.

보헤미안에 들어서는 길은 숲길.
하지만 오르막이라 자전거에게 쥐약.

드디어 발견한 보헤미안 간판.

입구에서부터 볼거리가 가득한 이곳은
카페 보헤미안.

아무래도 한산하겠지 싶었던 카페는
예상외로 만원. 덕분에 30분 정도는
서서 기다려야 했습니다.

도착 당시 심정을 기록한 그림.
일단 힘들어서 다른 것이 눈에 들어오지 않았습니다.

좀 진정하고 난 뒤 마신 첫 잔은
보헤미안의 마일드 블렌드.
오호라, 이것이 고수의 맛이로구나.

한 모금 넘기고 고개를
돌리면 유리 너머
바다와 반투명한 나.
서울 어느 카페에서도
얻을 수 없는
귀한 풍광입니다.

두 번째 잔은 강한 맛의 도쿄 블렌드.
이 커피가 있어 에스프레소가 없구나
하는 생각이 들 정도로 맛이 강합니다.

바다와 숲을 두른 카페 보헤미안.
커피를 원해 가셔도 좋고 자연에 취해
가셔도 좋습니다.

분명, 돌아오실 때는 기분좋게 취해 있으실 테니까요.

# 루디

## 커피로
## 건강하다

## 20 커피의 농약을 걱정한다면

자취생 루디는 오늘도 비타민 부족에 시달립니다.

밤눈이 어두워….
입 안에 해진 부분이
잘 낫질 않아….
피곤이 안 가셔….

안 되겠어,
돈을 좀 쓰더라도
과일을 좀 먹어야지.

얼마예요?

오 천원.

아아…
얼마만의
과일이냐….

너 이녀석! 바나나에
농약이 얼마나 많이
쓰이는지 알아? 필리핀
바나나 농장의 인부들은
농약 때문에 수천 가지
질병에 걸렸다고!

멈!

?!?

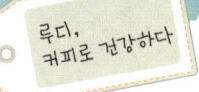
일본에선 대대적으로
불매운동이 일어났을 정도야!
이런 건 조심해서 먹어야 해!
내가 먼저 맛을 봐주지!

오렌지도 마찬가지야!
수입 과일엔 농약이
엄청나다고!
내가 먼저 맛을 봐줄게!

?!?

…그래….
먹어라….
난 딴 거
있으니까….

그거, 귤이거든?

커피는 농약이 굉장히 많이 사용되는 농작물입니다.

농약을 많이 쓰는 것으로
유명한 바나나 다음으로
많이 쓴다고 합니다.

커피 생산국에서도 농약 사용으로 인한
농원 근무자들의 건강 악화가 문제가 되고 있습니다.

몸에 해를 끼치지 않는
농약도 있지만,
대부분은 심각한
피해를 입히죠.

하지만 사실, 커피 자체는 농약의 영향을 거의 받지 않습니다.

커피 체리에 둘러싸여 있어 농약이 열매에 닿지 않고,
불에 볶기 때문에 잔류 성분도 거의 날아가죠.

게다가 원두를
직접 먹는 것도
아니기 때문에
더 위험이 적지요.

커피를 마실 때 농약 걱정은 뚝!
즐거운 마음으로 커피를 즐기시기 바랍니다.

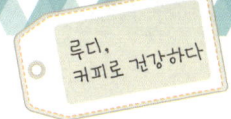
## 21 다이어트 with 커피

으음…. 시합도
얼마 안 남았는데
체중을 어떻게 하지….

안 되겠다.
오늘부터 필살
다이어트에
들어가야겠어!

······

치킨 사왔다.

다음 날

어제는 피치 못할 사정으로 실패했지만, 오늘부턴 반드시 다이어트를 시작해야 해!

피자 사왔다.

......

또 다음 날

제길, 오늘만은 반드시! 아무것도 먹지 않겠어!

여어, 내가 좋은 거 사왔···.

사오지 마! 사오지 말라고!

COFFEE

......

빨리 줘. 얼렁 볶아 먹을 거야.

다이어트가 힘들다면 커피를 이용하시는 것도 좋습니다.

커피가 다이어트에 효과적인 이유는
여러 가지가 있지만, 주로 카페인과 니아신 덕분입니다.

절 모르는
분도 있나요?

전 비타민의
일종이랍니다.
B3라고도
알려져 있지요.

카페인　　　　　니아신

카페인은 몸의 기초 에너지 소비량을 10%정도 늘리고
운동할 때 피하지방을 태워 근육으로 바꾸는 역할을 합니다.

그리고 이뇨작용을 촉진시켜
신진대사를 활발히 하고
혈액순환을 도우므로
그 효과가 더욱 좋지요.

니아신은 기초 칼로리 소비량을 늘리고 지방 분해를 돕습니다.

피부 노화방지에
효과가 있다는
연구결과도 있습니다.

하지만 어디까지나 커피를 블랙으로
마셨을 때의 효과입니다.
커피 부재료는 칼로리가 높은
편이므로 바리에이션 음료는
오히려 다이어트의 적이라고
할 수 있지요.

예로 바리에이션 커피들의 칼로리는 다음과 같습니다.

카페라테 : 175Kcal
카푸치노 : 166kcal
카페모카 : 262kcal
캐러멜라테 : 305kcal
아메리카노 : 5kcal

* 위 수치는 재료와 제조처, 분량에 따라 달라질 수 있습니다.

하지만 블랙커피를 마신다고 꼭 살이 빠지는 것은 아닙니다.
중요한 것은 기본 생활습관의 개선임을 잊지 마주세요.

탕수육 사왔다.

!!

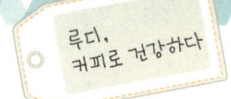

 ## 22 커피로 예방하는 동맥경화

제 친구인 노키드 군은…

다소 고혈압입니다.

내… 내 소중한
CD 컬렉션이…!!!

이봐,
고혈압인 사람은
조심해야지.

엥? 뭐어~?
그래서 어쩌라고?
커피만 마시면
해결되냐?

뭐, 어떤 면에서는… .

……

고혈압이 심한 사람은 동맥경화가 생기기 쉽습니다.

동맥경화는 혈관에 저비중 리포
단백(LDL)이라는 콜레스테롤이
과다하게 쌓여 심하면 심근경색이나
뇌졸중으로 이어지는 무서운
병입니다.

동맥경화를 방지하기 위해선 고비중 리포 단백(HDL)이라는 좋은 콜레스테롤을 증가시키는 것이 최선이라고 합니다.

그리고 커피가 그 좋은 콜레스테롤을 증가시키는 데 효과가 있지요.

특히 젊은 여성에게 더욱 효과가 있다고 합니다.

커피를 마시면 여성호르몬의 분비가 활발해져 HDL이 더욱 증가하는 것이죠.

커피는 굳이 젊은 여성이 아니더라도 동맥경화 예방에 큰 효과가 있다고 할 수 있습니다.

호오, 그래. 어디 커피가 아픔도 잊게 해주는지 실험해 볼까?

움찔

**TIP**
커피는 동맥경화를 예방하지만, 고혈압을 치료하진 않습니다. 혈압이 높은 분에겐 커피가 위험할 수도 있으니 조심해야 합니다.

루디<sub>의</sub>
홈카페

## 23 무슨 뜻인지 알고 마시는 거야?
### – 메뉴의 어원

깐깐한 남자 N군의 대화

겨우겨우
편지는 붙였는데
또 면접을 보러
오라는 거야.

히야~,
그야말로
산 넘어
산이로군.

이봐. 잠깐.

······

······

용어는 정확하게
사용해야지.
편지는 '부치는'
것이라고 하고
'산 너머 산'이라고
하는 것이 옳아.

···아무렇든,
일이 생각처럼
쉽지는
않았던 거지.

콕콕, 그냥
명예회손으로
고소해 버려.

이봐, 잠깐.

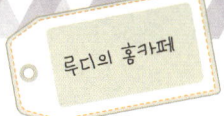

용어는 정확하게
사용해야지.
'아무렴든'은 형용사이니
부사인 '아무튼'을
써야 하고…

'명예회손'이 아니라
'명예훼손'이 맞아.
단어는 뜻을 알고
정확히 사용하지 않으면…

······

휘이이잉~

이봐,
거기 너구리.
이 메뉴판에 쓰인
단어들이 무슨
뜻인지 알아?

…또 당신이야?

에스프레소의 의미는 앞에 설명했듯이
express의 이탈리아어인 espresso죠.

# Cafe = Caffe = 커피

빠른 추출! 이탈리아의
화끈한 성격에
기반한 것일까요?

축 추출 30초 단축

카페 메뉴판에서 가장 많이 쓰이는 단어인
카페(cafe 또는 caffe)는
'커피'라는 뜻의 이탈리아어입니다.

그리고
추출 방식에 따라
다른 이름이
덧붙기도 합니다.

doppio: 두 배의(=double)
일반 에스프레소 양의 두 배

Lungo: 긴, 오랜
오랜 시간 추출한 에스프레소

ristretto: 압축된
양이 적고 진하게 추출된 에스프레소

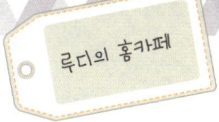

에스프레소 위에 생크림을 얹은 '에스프레소 콘 파나' 의
콘( con )은 '섞다' 는 의미이며 파나( pana )는 '생크림' 입니다.

즉, 에스프레소 콘파나(con panna)는
에스프레소에 생크림을 섞은
메뉴라는 뜻이지요.

에스프레소에 폼밀크를 살짝 얹은
마키아토( macchiato )는 '점을 찍다' 는 뜻입니다.

우유로 커피 위에 점을 찍었다는
뜻입니다. 난이도가 상당히 높은
메뉴라고 하지요.

가장 인기있는 바리에이션 음료인
카페라테(cafe latte)는
에스프레소에 우유를 더한 메뉴죠.

라테(latte)는
'우유'라는
뜻입니다.

우유 거품 위에 계핏가루를 뿌린
카푸치노(cappuccino)는
이탈리아어로 '가톨릭 프란체스코파의
수도사'라는 뜻이죠.

일반적으로 프란체스코파 카푸친회 수도사들의 모자가 카푸치노의
우유 거품을 닮아서 붙여진 이름일 것이라고 추론하고 있습니다.

화려한 냉음료의 대표격인 프라푸치노(frappuccino)는
두 단어를 합쳐 만든 합성어입니다.

차다는 뜻의 이탈리아어인 프라페(frappe)와
카푸치노를 합친 것이죠.
에스프레소에 저지방 우유와 미세하게 간 얼음을
섞은 음료입니다.

그리고 일반적인 카페에는 흔치 않은
메뉴인 카페코레토(cafe correto)와
로마노(romano)가 있습니다.

코레토(correto)는 '첨가물을 넣다'는
뜻으로 카페 코레토는 리큐어(술)를
더한 에스프레소입니다.

포도 증류주인 그라파를 더하면
'카페 코레토 그라파'가 되는 거죠.

로마노는 레몬이라는 뜻.
그러므로 카페 로마노란 레몬으로
풍미를 더한 커피라는 뜻입니다.

알겠어?
단어를 사용할 때는
그 뜻을 정확하게 알고
사용해야 한다고!

아, 그러세요.

커피 값은
앞서 간 친구분들 것과
부가가치세를 더해서
정확하게 19,800원입니다.

참고로 부가가치세란
생산 및 유통 과정의 각 단계에서
창출되는 부가가치에 대하여
부과되는 조세입니다.

흠흠흠~♬

루디 집에 오면~
커피가 있고~

커피도 있고~

커피 또한 있고~

커피······.

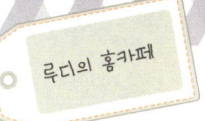

이봐, 넌 우째
매일 커피냐?

응? 왜?
뭐 이상해?

아니…,
물론 네가 커피를
마시지 않으면
그게 더 이상하겠지만…
좀 다른 거 없냐고!

흠.. 그래.
그럼 내가
특별 메뉴를
준비해 주지.

… 결국
커피잖아.

자, 여기
카페라테.

언제나 같은 커피를 마시다 보면
변화가 필요하기 마련이죠.

또는 슬슬 바리에이션 메뉴에
욕심이 나기 시작한다거나.

105

그리고 집에서 '일반적인' 커피만 마시다
보면 카페의 화려한 커피들이 부러워질 때도 있습니다.

어머,
집에서 에스프레소를 드신다고요?
언제 제가 놀러가면 좋아하는
'카러멜라떼 블루베리 프라푸치노'도
한번 만들어 주세요.

…그냥 제가
카페에서 사 올게요.

*실제로 오겠다는
 사람은 없었습니다.

집에서도 다양한 바리에이션 커피를 만들어 마실 수 있습니다.

물론 약간의 수고와 금전적인 부담이
있겠습니다만, 모든 즐거움엔 대가가
따르기 마련이지요.

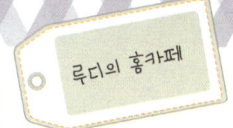 

 **바리에이션 커피를 위해 필요한 것**

자자, 조용히 하세요.

'루디의 홈카페 교실'에 오신 것을 환영합니다. 저는 루디라고 합니다.

선생님, 질문 있습니다!

네, 뭐죠?

선생님은 너구리인데
어떻게 사람이 하는
말을 할 수 있나요?

......

수업과 관계없는
질문은 받지 않습니다.
다같이 커피 바리에이션 음료들을
만들어 보기로 하죠.

먼저 질문입니다.
커피 바리에이션 음료에
가장 자주 들어가는
재료는 무엇일까요?

우유 아냐?

초콜릿?

답은 바로 에스프레소입니다.
대부분의 커피 바리에이션 음료에는 에스프레소가 들어가지요.

커피의 맛이 강하게 농축되어 다른 재료와
섞여도 커피의 맛이 흐려지지 않지요.
그래서 '커피의 심장'인지도 모릅니다.

저… 손님?
주문 안 하실 건가요?

카페에서는 고가의 에스프레소 머신을
사용해 고품질의 에스프레소를 쉽고
빠르게 추출해 사용하지요.

갖고 싶다…

이상은 높은데
현실은 시궁창이야

물론 에스프레소 머신이 있다면
좋겠지만,
다소 고가인 머신을 갖춘다는 건
쉬운 일이 아닙니다.

하지만 집에서도 에스프레소를 마실 수 있습니다.
바로 모카포트가 있다면 말이지요.

우왕굿♡

바리에이션 커피를 즐기시려면
모카포트 등 에스프레소
기계를 먼저 준비하세요!

# 26 부드럽고 포근한, 우유 거품 만들기

카페라테는 모든 바리에이션 음료 중
가장 인기 있는 메뉴입니다.

'커피에 우유'라는 황금 조합에
거품이 입술에 부드럽게 닿는 촉감이
훌륭하지요.

우유 거품이 에스프레소의 크레마와
섞이는 성질을 이용해 모양을 내는
라테아트도 카페라테의 일종입니다.

자, 그럼 카페라테를 비롯해 많은 메뉴에
사용되는 우유 거품을 만들어보도록
하겠습니다.

우유 거품을 만드는 도구는 여러 가지가
있습니다. 에스프레소 머신이 있는 분들은
스팀 노즐을 이용해 손쉽게 우유 거품을
만들 수 있습니다.

아아
갖고 싶어라…

하지만 전동 우유거품기만 있어도 간단히 만들 수 있습니다.
그것도 없으면 프렌치 프레소 머신을 이용하는 방법도 있지요.

그럼 먼저 우유거품기를 이용해서 거품을 만드는 법을 알아보도록 하지요.

1. '신선한' 우유
2. 우유거품기

1. 사용할 우유는 가능한 한 신선한 것으로 고릅니다.

2. 먼저 컵에 우유를 조금 담습니다.

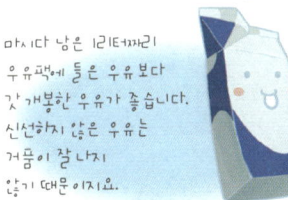

마시다 남은 1리터짜리
우유팩에 들은 우유보다
갓 개봉한 우유가 좋습니다.
신선하지 않은 우유는
거품이 잘 나지
않기 때문이지요.

3. 전자레인지에 넣어 따끈할 정도로 데워줍니다.

전자레인지가 없다면 중탕으로 데워줍니다.

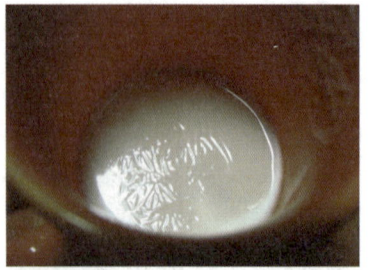

4. 다 데워진 우유 위에 생긴 엷은 막을
   걷어내 줍니다.

   우유 내부의 단백질이 응고된 것으로
   먹어도 상관은 없지만 거품을 만드는
   데는 방해가 되지요.

5. 전동 거품기를 컵 안에 넣고 작동
   시킵니다.

   거품기를 컵 안에 깊숙이 넣지 않으면
   우유가 사방으로 튑니다.

컵을 기울여서 거품기를 넣고 돌리다가…

어느 정도 거품이 생기면 거품기를 위로
올려서 큰 거품을 없애며 고운 거품으로
만들어줍니다.

6. 우유 거품 완성!

전동 거품기도 없다면 프렌치 프레소를
이용하면 됩니다.
4단계 데운 우유를 프렌치 프레소에
넣고 열심히 펌프질을 하면 됩니다.

다소 품이 들긴 하지만 괜찮은 우유 거품을
만들 수 있습니다.

## 27 카페라테

저는 조금 일찍 일어나 커피를 마시곤 합니다. 아침에 커피를 마시면 기분이 상쾌하니까요.

하지만 갓 눈을 뜬 아침에는 빈속이므로 그냥 커피를 마시면 속이 쓰릴 수밖에 없습니다.

BLACK

그래서 우유가 들어간 카페라테를 마십니다. 이탈리아에선 아침을 카페라테 한 잔으로 해결하기도 하지요.

자, 그럼 카페라테를 만들어 보겠습니다.

1. 먼저 모카포트를 이용해 에스프레소를
   준비합니다.

준비물
• 에스프레소
• 신선한 우유

2. 에스프레소가 추출되는 동안 전자레인지
   를 이용해 우유를 살짝 덥혀줍니다.

3. 에스프레소가 추출되면 컵에 담습니다.

4. 에스프레소 위에 데운 우유를
   넣습니다. 우유의 양은 에스프레소의
   5배가량이 적당합니다.

   우유를 넣을 때 크레마와 우유가
   섞이는 모양을 조절해서
   다양한 모양을 만들 수 있습니다.

이때 넣는 우유는 약간만 거품을 내거나 아예 없게 해줍니다.

5. 취향에 따라 시럽을 첨가하면 완성!

음, 아직 출근 때까지 시간이 꽤 남았군요.
다른 메뉴도 만들어볼까요?

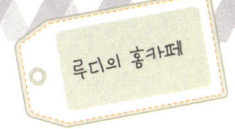

# 28 아이스 카페라테

아무래도 더운 여름에는
시원한 음료가 생각나기 마련입니다.

아침에 마실 수 있는 냉음료인
아이스 카페라테를 만들어보도록 하지요.

1. 에스프레소를 준비합니다.

아이스 카페라테
준비물
• 에스프레소
• 우유 • 얼음

2. 음료를 담을 잔에 얼음을 넣습니다.
   단맛을 원한다면 얼음 위에 미리
   설탕을 뿌려줍니다.

3. 잔에 우유를 붓습니다.

4. 잔에 에스프레소 2샷을 넣습니다.

5. 취향에 따라 시럽을 넣으면 완성!

아침에 마시는 커피는 정말 끝내주죠.

이런, 더 지체하다간 회사에 늦겠군.

흠흠흠~
오늘은 내가 일등이로군~
어디 보자, 오늘의 업무는~

금일 업무
-쉬는 날 2 3 4 ← 오늘
10 11

사
아
아
앙

## 29 카페라테? 카푸치노?

후욱

후욱

휴우,
아침에 조깅을 하면
상쾌하기 하지만
금방 피곤해진단 말야.

정신을 차리는
의미에서
커피나 한 잔
마셔볼까나~.

소년이여,
뉴요커가
되어라!

♪♫

어서 오세요~

예,
에스프레소
한 잔….

빈 속에 커피를 마시면
속이 쓰릴 수 있으니
아침엔 우유를 더한
커피를 드세요.

BLACK

멈칫

아, 아니. 카페라테 한 잔 주세요.

저기요, 여기 카푸치노 주세요.

여기있습니다, 손님~.

네, 여기있습니다, 손님~.

뭐야? 아침엔 우유가 든 커피를 마시는 게 좋다며? 그렇게 말해놓고 넌 뭘 마시는 거야?

카푸치노는 에스프레소랑 우유로 만드는 거야.

뭐? 그럼 카페라테에는?

카페라테에는 에스프레소랑 우유가 들어가지.

뭐야? 그럼 뭐가 달라?

한마디로 말하자면…

카푸치노는 에스프레소에
'우유'와 '우유 거품'을 더한 메뉴입니다.

에스프레소의 나라인 이탈리아에서도
아침에는 우유를 넣은 카푸치노를 마시는
데 일반적으로 빵과 함께 곁들여 마시곤
합니다.

카페라테와
차별점을 갖기 위해
거품을 좀 더
올린 카푸치노는
우유거품의 양에 따라
드라이(dry)와 웨트(wet)
카푸치노로 나뉩니다.

드라이 카푸치노
( dry cappuccino )

웨트 카푸치노
( wet cappuccino )

카푸치노의 맛은 우유 거품의 완성도에
크게 좌우됩니다.
우유 거품이 곱고 밀도가 높으면 더욱
부드러운 맛이 납니다

 **카푸치노**

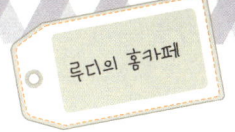
카푸치노라고 하면 제일 먼저 떠오르는 이미지가
입구가 넓은 잔에 거품이 가득 담긴 커피일 겁니다.

하지만 원래 이탈리아에서 그렇게
거품이 두터운 커피를 마시지 않습니다.
커피 바리에이션 음료가 미국식으로
개량되어 퍼지면서 양이 늘어나고
더 연해지기 시작했지요

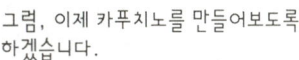

그럼, 이제 카푸치노를 만들어보도록
하겠습니다.

준비물 :
• 에스프레소
• 우유
• 우유거품기

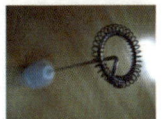

1. 에스프레소를 추출합니다.

2. 추출한 에스프레소를 잔에 담습니다.

3. 에스프레소와 같은 양의 데운 우유를
   넣습니다.

4. 같은 양의 우유 거품을 만들어 커피 위에 올려줍니다.

－정통 카페라테는 에스프레소, 우유, 우유 거품의 비율이 1 : 1 : 1 입니다. 그러나 우리나라에선 좀 더 부드러운 맛을 내기 위해 1 : 3 : 2의 비율로 만들곤 합니다.

5. 기호에 따라 시나몬 파우더를 뿌려줍니다.

6. 카푸치노 완성!

## 31 아이스 카푸치노

이번엔 아이스 카푸치노를 만들어
보겠습니다.

준비물 :
• 얼음 • 우유 • 에스프레소 • 우유거품기

1. 음료를 담을 컵에 얼음을 넣습니다.

2. 차가운 우유를 넣어줍니다.

3. 에스프레소를 2샷 추출해 넣습니다.

4. 우유 거품을 내어 위쪽에 얹습니다.

5. 취향에 따라 시나몬 파우더를 올립니다.   6. 아이스 카푸치노 완성!

카푸치노에서 중요한 것은 물론 우유 거품입니다만,
맛에 가장 큰 영향을 끼치는 재료는 역시 커피입니다.

어떤 커피, 어떤 블렌딩 방법을 사용하느냐와 얼만큼
잘 추출하였는지가 맛의 관건이라고 할 수 있습니다.

카푸치노 등 우유와 섞이는 커피의 블렌딩은
생각 외로 로부스타가 활약할 수도 있습니다.

로부스타의 쓴맛이
우유의 부드러움과
잘 어울립니다.
이탈리아 등 유럽에서는
에스프레소용 블렌딩에
로부스타종이 이따금
사용되곤 합니다.

부드러운 거품의 감촉이 매혹적인
카푸치노를 만나보세요!

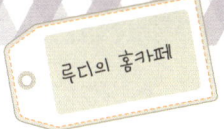

# 32 카페모카란?

자, 이건
'예멘 모카'다.
비싼 커피니까
되새김질하면서
마셔.

커피는 잘 마시겠다만,
그 돼먹지도 않은
농담 좀 집어치워….

흠~

이게 그 초콜릿 향이 난다는
예멘 모카로군. 좋은데!

응,
잘 아는구먼.

이 모카가 그렇게
비싸면 아무 커피에다
초콜릿만 섞어서 팔아도
돈 많이 벌겠는데?

그게 바로, 카페모카가
발명된 동기이기도 했지.

정말?

모카항을 통해 전 세계에
커피가 공급되던 때가
있었습니다.
예멘의 모카는 초콜릿 향이
나는 커피로 명성이
높았지요.

예멘 모카의 수요가 늘자 가격도 높아졌습니다.
그래서 누군가 이 커피를 흉내내기 위해
커피에 초콜릿을 섞기 시작했습니다.

어쩌면 이때
향커피를 만드는
방법이 개발되었는지도
모르지요.

누군가는 부당한 이득을 취하기 위해,
다른 누군가는 모카를 그리워하며 만들었습니다.

그리하여
카페모카라는
커피가 만들어집니다.
(아마도 말이죠)

# 33 카페모카

카페모카는 점심시간이나 오후 2시쯤
에 마십니다.

제가 말씀드리는 시간이
반드시 정해진 것은 아닙니다.
그저 메뉴가 인기 있는 시간대나
마시기 좋은 때를
추천해 드리는 것
뿐이니 참고하세요.

카페모카에 들어 있는 초콜릿은
기운을 북돋워줍니다.

그리고 카페모카의 부드러운 단맛은
식후 입가심에 좋습니다.
그래서 식사 후 나른할 때나
출출하고 기운 빠지는 오후에 주로
마시곤 하지요.

자, 그럼 기운나는 커피 메뉴 카페모카를 만들어볼까요?

준비물
- 에스프레소
- 초코 시럽
- 우유

1. 에스프레소를 추출합니다.

2. 컵에 초코 시럽을 한 스푼 정도 넣습니다.

3. 컵에 에스프레소를 붓고 잘 섞어줍니다.

4. 데운 우유를 넣어줍니다.

5. 휘핑 우유를 볼에 넣고 휘저어 휘핑
   크림을 만듭니다.

   – 휘핑 우유는 마트에서 쉽게 구할 수
     있습니다.

   볼 밑에 얼음이 담긴 볼을 놓고 저으면
   더 빨리 만들 수 있습니다.
   만들기 힘들다면 제과점에서 구입하실
   수도 있습니다.

6. 휘핑 크림이 단단해지면 커피 위에
   얹어줍니다.

7. 휘핑 크림 위에 초코 시럽을 뿌려
   장식하면 완성!

# 34 아이스 카페모카

카페 모카를 만들 때는 초코 시럽을 사용하는데
종류에 따라 다양한 맛을 낼 수 있습니다.

화이트 초콜릿 시럽이나,
다크 초콜릿 시럽, 캐러멜 시럽 등
시럽의 종류에 따라
다양한 맛을 낼 수 있습니다.

초코 시럽이 없다면 일반 초콜릿으로 간단하게 만들 수도 있습니다.

초콜릿 : 물엿 : 물
4 : 1 : 4 의 비율로
재료를 섞어 중탕으로 가열.
저어주며 녹이다가
물엿과 물을
더 넣고 섞으면 끝.

어때요,
참 쉽죠?

그럼 이번엔 아이스 카페모카에 도전해
볼까요?

준비물 : •에스프레소 •초코 시럽 •우유,
•휘핑 크림

1. 컵에 데운 우유와 초코 시럽을 2 : 1
   비율로 넣고 섞습니다.

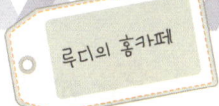
2. 컵에 얼음을 넣어줍니다.

3. 에스프레소 2샷을 넣어줍니다.

4. 휘핑 크림을 얹고 초코 시럽을 뿌려 장식합니다.

5. 카페모카 완성!
   취향에 따라 잘게 부순 땅콩이나 견과류를 얹어도 좋습니다.

한 잔만 마셔도 힘이 나고 시원한 아이스 카페모카는 직장인들에게 특히 인기 있는 메뉴입니다.

나른한 여름엔 아이스 카페모카로 무기력을 극복하세요!

## 35 캐러멜 마키아토

하아⋯.

응?
왜 그래?
무슨 안 좋은
일이라도 있어?

아니⋯
별건 아니고⋯
그냥 좀 우울해서⋯.

흠⋯. 우울할 때는
단맛 나는 커피가
제격이지.
한 잔 할래?

응?
뭘 만들려고?

저는 설탕을 잘 먹지 않는 편이라 단맛이 나는
커피가 마시고 싶을 땐 캐러멜 마키아토를 마십니다.

사실 캐러멜 시럽을 만드는데
설탕이 들어가니
설탕이 없는 건 아닙니다만,
그냥 기분 탓이죠.

원래 마키아토는 '점을 찍다' – 라는 의미로, 에스프레소 위에
점을 찍듯 우유 거품을 올려놓은 메뉴를 뜻합니다.

하지만 요즘엔 취향과 편의에
따른 다양한 레시피가 있어
어느 것이 정통 마키아토
레시피다라고 말하기 어렵습니다.
그래서 전, 제가 편한 방법으로
소개하겠습니다.

"이런 레시피가
어디 있어!"
라고 느낀다면
순전히 기분 탓입니다.

그럼, 제가 편한 대로 만드는
캐러멜 마키아토 레시피를 알려드리지요.

1. 에스프레소를 준비합니다.

준비물 : •에스프레소 •캐러멜 시럽 •우유
•우유거품기

2. 음료를 담을 컵에 캐러멜 소스를 한
   스푼 넣습니다.

3. 에스프레소를 붓고 잘 저어 섞어
   줍니다.

4. 고운 우유 거품을 만들어 스푼으로 에스
   프레소 위에 올립니다.
   ( 우유 거품 위에 휘핑 크림을 올리기도
   합니다. )

5. 캐러멜 소스를 뿌려 장식해 주면 끝!

−예쁘게 뿌리고 싶은데 펌프가 없다면
 비닐팩에 소스를 넣고 구멍을 낸 후
 짜내듯 뿌려주면 됩니다.

자, 여기
캐러멜 마키아토다.
달달한 걸 마시면
기분이 좀 나아질 거야.

……

더운 여름에
무슨 뜨거운 커피야?
시원한 걸로 가져와.

# 36 아이스 캐러멜 카페라테

캐러멜 마키아토를 냉료료로 만들려면
간단하게 얼음만 넣고 식혀주어도 됩니다.

하지만 시간도 오래 걸리고,
풍미도 잘 살아나지
않는다는 단점이 있습니다.

게다가 모양도 '점을 찍다'라는
이름의 뜻과 달라지고 양도 늘어나
'아이스 캐러멜 마키아토'라는
이름을 붙이기엔 너무 다른
음료가 되어 있습니다.

메뉴 이름엔
'점을 찍는다'라는 의미가
있는데 이 커피에는
점이 어디 있나요?

글쎄요….
한때는 그녀석도
점이 있긴 했는데….

그러므로 이번에는 비슷한 맛의 시원한
커피 메뉴, 아이스 캐러멜 카페라테를
만들어보겠습니다.

준비물 : •에스프레소 •얼음 •우유
•캐러멜 시럽

1. 컵에 얼음을 넣습니다.

2. 얼음 위에 찬 우유를 붓습니다.

3. 우유 거품을 만들어 얹어줍니다.
   (에스프레소, 우유, 우유 거품의 비율은
   1 : 4 : 1로 맞추세요)

4. 에스프레소 2샷에 캐러멜 시럽을
   한 스푼 넣고 잘 저어 섞어줍니다.

5. 컵에 시럽이 섞인 에스프레소를
   붓습니다.

6. 우유 거품 위에 캐러멜 시럽으로
   장식하면 완성!

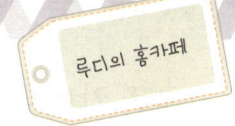
자, 여기
시원하고 달콤한
아이스 캐러멜
카페라테.

아, 고마워.

그런데
무슨 일로 그렇게
고민하고 있는 거야?

휴우…
그게….

한창 작업을
하고 있었는데
고양이가 뛰어놀다가
전원 코드를 뽑아버려서
다 날아가고…

이런~.
어쩌냐….
기운내~.

네 컴퓨터에서
작업하고
있었어.

설상가상으로
놀라는 바람에
커피를 컴퓨터에
쏟아서 하드가
날아갔지 뭐야.

# 37 카페 콘파나

…이렇게 빙산이 떨어져나와 바다를 떠돌고 있습니다.

으휴….
지구 온난화가
심각하구나….

그러게….
이러다 정말로
크게 잘못되는
거 아냐?

-환경론자-

타이타닉이
침몰한 것도
저런 떨어져나온
빙산 때문이었지.

우리
노래방 갈래?

-영화 마니아-        -딴소리-

콘파나……

-루다-

카페콘파나(con panna)는 커피 위에
생크림을 얹은 메뉴입니다.

바다 위에 떠 있는 빙산처럼
커피 위에 생크림이
떠 있지요.

　　생크림의 부드러움을 선호하시는 분이  가볍게
즐기기에 딱 좋은 맛과 사이즈를 가지고 있습니다.

con은 '섞다'
panna는 '생크림' 이란
뜻이지요.

그럼, 부드러운 매력의 카페콘파나를
만들어보도록 하겠습니다.

1. 에스프레소를 추출해 데미타세에
　 담습니다.

카페콘파나 준비물
• 에스프레소
• 휘핑 크림

2. 생크림을 얼음볼 위에 놓고 휘저어
   휘핑 크림을 만듭니다.

3. 휘핑 크림을 에스프레소 위에
   얹어줍니다.

4. 카페콘파나 완성!
   −땅콩 등 견과류를 뿌려주면 고소함이
   더해집니다.

사실, 위 레시피는 에스프레소 위에
생크림을 얹은 것이므로 '에스프레소
콘파나'라고 불러야 정확하긴 합니다.

하지만
이 메뉴의 원산지인
이탈리아에서는
'카페=에스프레소'라는
식으로 생각하므로
카페라고 불러도
무방합니다.

Caffe
=
Espresso

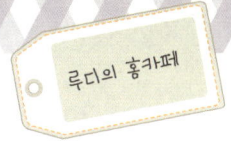
# 38 아포가토 알 카페

아~ 배고파….

꼬르륵

뭐라도 먹을 것
좀 없나….

벌컥

쳇, 지난 주에 사둔
아이스크림뿐이잖아….

쭉

아, 선배.
간단히 먹을 수 있는
후식 같은 거 없어요?

……!

!!!

콸
콸

꺅!
이게 뭐 하는
짓이에요!

마셔나 봐.

이⋯ 이거 꽤
맛있는데?
이거 이름이 뭐예요?

아포가토
알 카페.

아포가토 알 카페(affogato al caffe)는
이탈리아에서 인기 있는 후식 메뉴입니다.

커피의 쌉쌀함과
아이스크림의 달콤함이
잘 어울립니다.

그럼, 간단히 아포가토알카페를 만들어
보겠습니다.

1. 컵에 아이스크림을 담습니다.
   가급적이면 차갑게 하여 꽁꽁 얼어 있는
   것이 좋습니다.

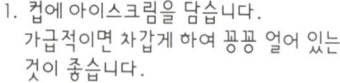

준비물 : • 에스프레소
        • 아이스크림(되도록 바닐라)

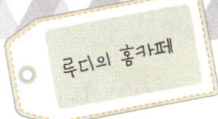
2. 에스프레소를 추출해 아이스크림
   주변에 뿌려줍니다

3. 취향에 따라 시럽이나 견과류를 뿌려
   풍미를 더해 주면 완성!

아포가토 알 카페는 만들고
난 뒤 빨리 먹어야 합니다.

흠흠~, 이거
맛있는데요.아포가토라는
이름도 너무 예쁜 것 같아요.

그래?

아포가토(affogato)는
'익사하다'라는 뜻인데…?

affogato: 가라앉다, 빠지다, 익사하다

## 39 프라푸치노

나 왔다~.

오, 등산 잘
다녀왔냐?
밖에 더운 것
같던데.

아….
엄청 더워.
마실 것 좀 주라.
시원한 걸로.

싫어,
귀찮아.

당장 머리가 뽀사질
정도로 시원한
마실거리를 내놔.
아니면 네 소중한
기구들이 뽀사질
줄 알아….

네
알겠습니다….

얼음을 넣은 커피는 시원하기
하지만, 얼음보다 시원한
느낌을 주진 못합니다.

그래서 커피를 잔얼음과 섞으면
아주 시원한 냉음료가 되는데 이것이 프라푸치노입니다.

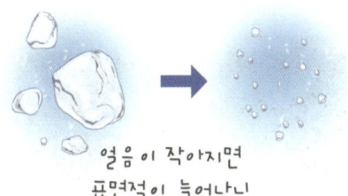

얼음이 작아지면
표면적이 늘어나니
더 차갑게 느껴지는
원리이죠.

그럼 프라푸치노를 만들어보도록
하겠습니다.

준비물 : •에스프레소 •얼음 •우유 •초코 시럽
•믹서 •코코아 파우더

1. 에스프레소를 추출합니다.

2. 믹서에 우유를 한 컵 정도 넣습니다.

3. 코코아 파우더를 적당히 넣어줍니다.
　－이때 캐러멜 시럽을 넣으면 캐러멜
　프라푸치노가 됩니다.

5. 얼음을 넣고 갈아줍니다.

　－너무 오래 갈면 얼음이 다 녹아서 물
　이 되어버리니 얼음 알갱이가 남아 있을
　정도로만 갈아주세요.

4. 추출한 에스프레소 2샷을 넣습니다.

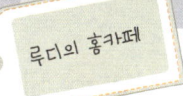
6. 컵에 따른 후 기호에 따라 휘핑 크림  7. 프라푸치노 완성!
   이나 초코 시럽을 얹습니다.

프라푸치노는 믹서에 갈 때
다양한 재료를 첨가하여
다양한 맛을 낼 수 있다는 것이
장점이기도 합니다.

캐러멜 프라푸치노
바나나 프라푸치노
스트로베리 프라푸치노
등등등...

시원한 맛이 장점인 프라푸치노를 즐겨보세요!

# 4O 쉐커라또

저번에 루디가
프라푸치노를
만들어줬는데
엄청 맛있고 시원했어!

호오, 그래?
어떻게
만드는데?

지난편을 읽어봐.
그럼 안녕~

흐음…

재료를 믹서에
넣고 간다…?
난 믹서가
없는데?

쳇, 가난한 자취생은
커피도 못 만들어
먹겠군, 칫…

포기하긴
아직 이르다!

엇?
루디?!

믹서는 그저 편리한
도구일뿐, 잘만 응용하면
얼마든지 시원한 커피
음료를 마실 수 있지.

아니, 어떻게
그럴 수 있지?

만약 집에 믹서가 없다해도
다른 방법으로 커피와 얼음을 섞어
마실 수 있습니다.

간단하게 만드는 시원한 커피 음료,
쉐커라또를 만들어 보겠습니다.

준비물 :
• 에스프레소
• 얼음 • 시럽

1. 에스프레소를 추출합니다.

2. 뚜껑을 잠글 수 있는 통, 이를테면 미숫
가루 통( ; ; ) 등에 얼음을 넣습니다.

3. 에스프레소 2샷에 캐러멜 시럽을
한 스푼 넣고 잘 저어 섞어줍니다.

4. 시럽과 에스프레소를 넣고 잘 흔들어
줍니다.

ㄴ. 혼합물을 컵에 따라주면 완성!

이 방법은 커피를
빨리 차갑게 만드는 데도
유용한 방법이지.

오오,
시원하군!

그런데 이건 흉내만
낸 거고 진짜 프라푸치노
하곤 다른 커피 아닌가?

하하하!
그럼 난 이만!

어...어?
야, 임마!

# 41 커피라씨

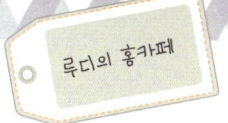

새로 볶은 원두야.
맛이 어때?

음…,
맛있어.

흠….
그거 다행이군.

음… 그런데 이
커피는 쓴맛, 단맛,
신맛이 그렇게
두드러지진
않은 것 같아.

?

이를테면
인도 음료 '라씨'
같이 과일 맛하고
상큼한 맛이 나면
더 좋을 텐데.

흠….

인도 음료인 라씨는 유명한 여름 건강 음료입니다.

플레인 요거트에
물과 소금, 향신료나
과일 등을 넣어
갈아 만든 음료로
상큼한 맛이 일품이죠.

커피도 이 레시피를 응용하면
상큼한 커피라씨를 만들 수 있습니다.

준비물 :
• 에스프레소 • 우유 • 설탕
• 플레인 요구르트 • 얼음 • 믹서

1. 에스프레소를 만들어 식혀둡니다.

2. 우유와 설탕, 플레인 요구르트를 믹서
   용기에 넣습니다.

3. 식힌 에스프레소와 얼음을 넣습니다.

4. 얼음이 살짝 남아 있을 때까지만
   갈아줍니다.

5. 재료를 컵에 따릅니다.

6. 커피라씨 완성!

157

## 42. 커피 에세이-커피가 나를 길들이다

커피가 나타난 것은 바로 그때였다

지금 너에게 나는 수많은 음료수와
다를 바 없지만 나에게 길들여진다면
나는 너에게 하나밖에 없는 존재가 될 거야.

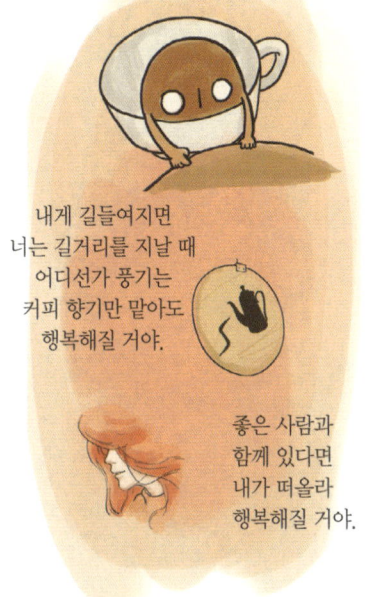

내게 길들여지면
너는 길거리를 지날 때
어디선가 풍기는
커피 향기만 맡아도
행복해질 거야.

좋은 사람과
함께 있다면
내가 떠올라
행복해질 거야.

그럼 내가
어떻게 하면 되지?

커피를 마셔. 많이는
말고, 하루에 한 잔
만이라도.

만약 네가 4시에 커피를 마시기로 했다면,
넌 3시부터 행복해질 거야.

그래서 난 커피에 길들여졌다.

# 루디
## 커피를
## 즐기다

# 43 왜 사람들은 커피를 마실까?

자, 여기 커피.

아, 고마워.

으~, 써.
졸리지만 않으면
이런 쓴 건 아무도
안 마실 텐데….

흠….

미국의 큰 커피 회사와 마케팅
회사에서 조사한 바에 따르면,
커피 소비자의 70%는 '맛과 향
때문에 커피를 마신다고 합니다.

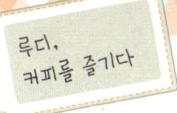

커피에는 다른 음료에서는 느낄 수 없는 독특한 맛과 향이 있지요.

커피에는 약 800종의 아로마가 있습니다.
500종 정도는 인공으로 합성할 수 있지만
나머지는 불가능하다더군요.

그리고 커피 소비자의 20%는 피로를 풀고 기력을 찾기 위해 마신다고 합니다.

커피에 포함된
카페인의 효능을
기대하는 것이지요.

실제로 커피는 사람의 건강에 많은 영향을 끼칩니다.

활성
산소

노화를 촉진하는
활성산소를 막기도 하고
간암 등 치명적 질병을
예방하기도 합니다.

간암

나머지 10%는 만남과 대화를 위해서 커피를 마십니다.

사람들은 카페를
단순히 '커피를 파는 곳'이 아닌
'사람이 만나는 곳'으로
인식합니다.

중세시대부터 카페는 사교와 토론의 장이었죠.
카페의 역사는 곧 커피의 역사이기도 합니다.

그만큼 커피가
사람의 정신에
많은 기여를 했다고
볼 수 있지요.

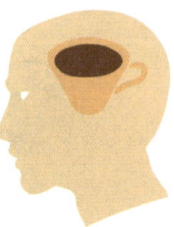

그러니까 사람들이
커피를 마시는 건
꼭 실용적인 이유에서만은
아니란 거지?

뭐,
말하자면 그렇지.

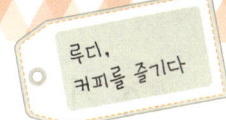
그래, 오빠가
하루에 8잔 반이나
커피를 마시는 건
다 이유가 있구나~.

그럼, 그럼.

만날 가난하다고 랩을 하면서
7만원짜리 커피포트를
떡하니 사는 건
다 이유가 있는 거지?

으… 응….

밥은 안 먹고 자판기 커피가
칼로리 높다면서 2잔 마시고
끼니 때우고 하는 것도?

미안….
내가 잘못했어….

쨍

휴우,
소주 마실 때는
삼겹살이
최고지!

후후, 골뱅이도
빼놓으면 곤란해.

캬아~!

그리고 맥주 안주는
역시 치킨이 최고야.

그럼~ 땅콩하고
오징어도 좋지~.

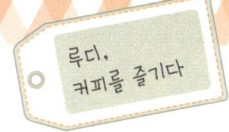

…그런 거랑
같이 먹으면
맛있겠지?
최고지!

…아마도.

…하아….

**자취 삼인방의 비애**

넌 좋겠다.
커피는 커피만 마셔도
모양이 나잖아?

커피도 같이 먹으면
좋은 거야 있지.

커피의 개성 있는 맛은 주로 디저트와 잘 어울립니다.

설마 커피를 반찬으로
식사를 하시는 분은
없을 것이라고
생각합니다만…

진한 커피는 다크 초콜릿이나 치즈 케이크 등
풍성한 촉감의 음식과 어울립니다.

커피의 쓴맛을 줄이고
부드러운 식감이
더욱 도드라지지요.

옅은 커피에는 심심한 맛의 크루아상이나 호밀빵 등
담백한 음식이 잘 어울립니다.

주로 미국에서
아침식사 때
옅은 커피와
빵을 먹죠.

카페라테나 모카등 부재료를 첨가한 커피들은
그냥 먹어도 좋지만, 와플류와 함께 먹으면 맛있습니다.

갓 구운 것이든,
아이스크림을
더한 것이든
다 좋더군요.

이상의 추천 메뉴들은 저의 개인적인 취향을 반영했습니다.
입맛은 자유로우니 자신만의 간식을 찾아보세요!

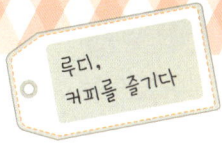
# 45 커피는 향기를, 음악은 기쁨을
## – 커피와 음악

호오~ 운치 있게 마시는구먼.
바하의 커피 칸타타라도 듣나?

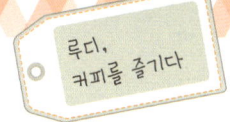

대표적인 커피 음악인 커피 칸타타는
음악의 아버지라고 불리는 바흐가 작곡했습니다.

어릴 때부터 생각했던 건데,
음악은 가족이 참 많은 것 같아요.

음악의 아버지도 있고
음악의 어머니에 신동에….

커피 칸타타의 원제는
칸타타 제 211번
"Schweghit stille, plaudert nicht"
(조용하게, 떠들지 말고)지만
커피 칸타타로 더 유명하죠.

커피 칸타타의 내용은 커피를 너무 많이 마시는
딸과 아버지가 다투는 이야기입니다.

커피를 마시면 시집을 보내지
않겠다는 아버지의 명령에
딸이 커피를 주는 신랑만을
맞이할 것을 조건으로 내세우는
재치 넘치는 반전이 재미있지요.

교회용 칸타타를 작곡하던 바흐가 만든 이 세속적인 칸타타는
커피 CM송이라는 재미있는 설도 있습니다.

고양이가 계속해서 쥐를 쫓는 것처럼
아가씨들은 계속해서 커피를 마실 것이네.
어머니는 기꺼이 커피를 끓이고
할머니도 기꺼이 즐겨 마시니,
누가 그 딸을 탓할 수 있을까.

정확히 말하면 카페의 CM송이죠.
'짐머만의 커피집'이라는
카페에서 콜레기움 무지쿰의
연주로 초연되었습니다.

커피와 음악은 궁합이 잘 맞지요.
좋은 음악과 함께 커피를 즐겨보시길.

## TIP

루디가 추천하는 커피 마실 때 들으면 좋은 음악

manhattan transfer의 JAVA JIVE
영화 Once 주제가 falling slowly
Louis Armstrong의 what a wonderful world
Nat King Cole의 L.O.V.E
Lisa ono의 Garota de Ipanema
Elliott Smith의 between the bars

참고로 요즘 전 '장기하와
얼굴들'의 〈싸구려 커피〉를
즐겨 듣는 중입니다.

싸구려 커피를
마신~ 다아아~♬

# 46 왔노라, 보았노라, 마셨노라
## – 코피 루왁

한국바리스타협회의 초대를 받아
그곳을 방문하게 되었습니다.

약도까지 뽑아들고 왔지만
도통 협회를 찾질 못해
난처해하다 고개를 들어보니…

바로 옆에 협회가 있었습니다.

…어느새 여기에?

협회 건물 안에 들어서자 곧 푸짐한 커피 자루들이 보입니다.

어허…
이 중 한놈만
집에 있어도
행복하겠고로…

173

오늘 이곳에 온 가장 큰 이유이자 목적은…    바로 코피 루왁입니다!

두근 두근

지난번 코피 루왁을 마셔봤으면 좋겠다고 투덜거린 글을 보신
커피마루의 '노다메' 님이 커피를 마련해 주신 것이죠.

이것이 바로 그! 코피 루왁입니다!

요건 코피 루왁이 상자에 포장되어 있는 상태

요건 변(便)상태의
코피 루왁입니다.

왼쪽이 자연산, 오른쪽이 양식으로
수확한 코피 루왁입니다.

자연산이 좀 더 색이 선명하고
야물차 보였습니다.

양식은 알이 굵고 일정한
장점이 있네요.

기다리고 기다리던 시음 시간.
코피 루왁에 동 드리퍼, 게다가
바리스타협회 연구원님이
손수 드립해 주신, 제 생애
최대의 럭셔리 커피 시간입니다.

드디어 다 내려진 코피 루왁!

드디어 제 앞에 루왁이 왔습니다.
어이쿠 좋아라. 허허허.

제가 느낀 루왁의 맛은 여느 비싼 커피들이
대부분 그러하듯이 튀는 맛이 없는
부드러움이 도드라졌습니다.

큰 차이점이라면 바로 잔향!
커피를 마시면 입 안에 남는 달큰한
맛이 오래갑니다.
마시고 나면 계속해서 침이 고이게 되더군요.

꿀깍

역시 루왁의 가격은 그 희소성과 명성이
맛보다 많은 부분을 차지하고 있는 듯합니다.

물론 맛이 없다는 이야기는 아닙니다.
하지만 가격이 워낙 장난이 아닌 터라….

루왁은 한번 마셔보았다는 데 의미를 두는
고급 커피라죠. 저도 그 경험을 추억으로
즐겁게 곱씹어보고 있습니다.

# 47 서울카페쇼

커피를 좋아하시는 분들이라면 다들 서울카페쇼라는 행사를 아실 겁니다.

2002년부터 열린
커피 박람회로
코엑스에서
개최됩니다.

국내에서 가장 큰 커피 관련 행사로
커피의 다양한 모습을 접할 수 있습니다.

무엇보다 그 커다란 공간에
가득 찬 커피 향이 행복함을
느끼게 하는 전시회지요.

이번에는 지난번( 2008년 )에 열린
서울카페쇼를 살짝 소개해 보도록 하겠습니다.

서울카페쇼 입구 전경.
생각보다 많이 늦게 찾아가 아슬아슬한
시각이었습니다.

전시장 안에 들어서자마자 풍성한
커피 향이 알싸합니다.
사진으로 표현 안 되는 것이 아쉽군요.

컵에 단아하게 담겨있는 커피들.
커피가 많아 행복한 풍경입니다.

전시되어 있는 생두와 자루의 아트웍.
일반 소비자가 쉽게 접할 수 없어서
가치가 있는 것들이죠.

우리 집에 하나만 있었으면 싶은 에스프레소 머신들.

중형급 로스터와 블루마운틴이 담긴
오크통. 역시나 이것도 워너비 상품 중에
하나입니다.

공장용 초대형 로스터.
실제로 보면 저 위압감이 장난이
아니지요.

사이폰으로 커피를 추출하는 장면.
추출 광경은 낭만적이지만 뒤처리가
버거운 기구죠.

카페쇼에는 커피뿐만이 아니라 다양한
차 종류도 전시됩니다.
다양한 찻잎이 전시된 장면.

약간 혐오스러운, 코피 루왁의 변 상태
모습입니다.
이전에 루왁을 한 번 마셔본 적이 있지만,
이걸 눈앞에 두고 있으면 마시기 힘들듯합
니다.

배설물이 명품으로 둔갑하는 럭셔리 포장.
디자인이란 정말 위대합니다.

네이버 커피 동호회 커피마루의 수제 로스터 전시회.
다양한 아이디어와 열정이 가득한 전시 장소입니다.

볼거리도, 즐길거리도, 마실거리도 많은 서울카페쇼.
커피 두 글자에 마음이 동하시는 분이라면 방문하시기 권합니다.

# 48 H&B _ 투썸플레이스 커피 쇼케이스

어느 날 갑자기 날아온 메일 한 통.

그건 커피 체인점 투썸플레이스에서 보내온
'H&B-투썸플레이스 커피 쇼케이스'의 초청 메일이었습니다.

커피 관련
파워 블로거들을
초청하는 자리였는데
과분하게도 제가
끼게 되었습니다.

스위스의 커피 브랜드 Hemi&Baur의 CEO인
르네 슐레퍼(René Schläpfer)가 직접 진행하는
커핑 시연회로, 유럽의 커피 문화에 대한
이야기를 들을 수 있었던 자리였죠.

스위스는 유럽에서 가장 좋은 커피를 마시는
나라 중 하나로 꼽힙니다. 헤미 앤 바우어는
80년 역사를 가진 커피 회사이지요.

커핑용으로 투썸플레이스에서 준비한
원두들. 왼쪽부터 코스타리카, 수마트라,
유기농. 각 커피의 등급명과 유기농
원두의 생산지는 알지 못합니다.

로스팅 단계를 알아볼 수 있도록 놓아둔
원두들.

이분이 헤미&바우어의
르네 슐레퍼 회장님입니다.

스위스에서는 일반적으로 알려진 종이필터를 사용한 드립 추출 커피는 거의 마시지 않는다는 걸 배웠습니다. 전체 인구의 70%가 집에 에스프레소 머신이 있을 정도로 진한 커피를 선호하기 때문이라네요.

직접 만져서 촉감을 느낄수 있도록 나누어준 원두.

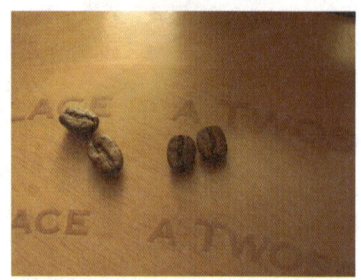

습식 가공과 건식 가공 커피를 직접 비교해 볼 수 있었습니다.
왼쪽이 습식, 오른쪽이 건식입니다.
무슨 차이가 있을까요?
정답은 커피 틈 사이에 남아 있는 실버스킨의 색입니다. 습식 원두는 밝은 색이고 건식은 어두운 색이죠.

슬슬 커핑을 준비하는 회장님.

커핑을 하기 위해 60℃의 물 55g에 커피 가루 6g을 넣습니다.
그리고 커피 가루가 가라앉을 때까지 2분 가량 기다립니다.

냄새를 느끼시는 회장님의 사뭇
진지한 표정.

다양한 향을 느끼기 위해 커핑용 스푼으로
거품을 꺼트립니다.

본격적으로 냄새를 맡으시는 회장님.
저 긴 코를 컵 안에 넣어 향을 빨아들이는
것이 참 잘 어울려 보입니다.

스위스에서 인기 있는 메뉴를 만든다며
준비한 에스프레소. 데미타세가 옹기종기
질서정연하게 놓여 있는 모습이 귀엽습니다.

일반 대형 업체에서는 350℃에서 4~5분
내에 볶아내지만 헤미&바우어의 커피는
205~220℃에서 12~15분간 천천히
볶아내어 아로마를 살린다고 합니다.

포도 증류주인 '크라파'를 넣어 '크레토 크라파'를 만들었습니다.

이렇게 에스프레소에 증류주를 넣은 음료입니다. 코냑을 대신 넣기도 한다는군요. 에스프레소에 아릿한 포도 향이 더해져 풍미가 좋았습니다. 가급적 설탕을 넣어 먹으라고 하더군요. 하지만 도수가 꽤 나가는 술이라 그런지(41도) 한 잔만 마셨는데도 얼큰하니 알코올이 올라왔습니다.

이렇게 블루베리 케이크와 함께 먹으니 잘 어울립니다.

메모지의 그림은 선물로 드릴까 해서
그려본 캐리커처. 인상이 사납게 나와
선물하면 도리어 실례가 아닐까 고민하다
결국 건네지 못했습니다.

좋은 커피를 마시고 선물도 받고, 즐거운
모임이었습니다.

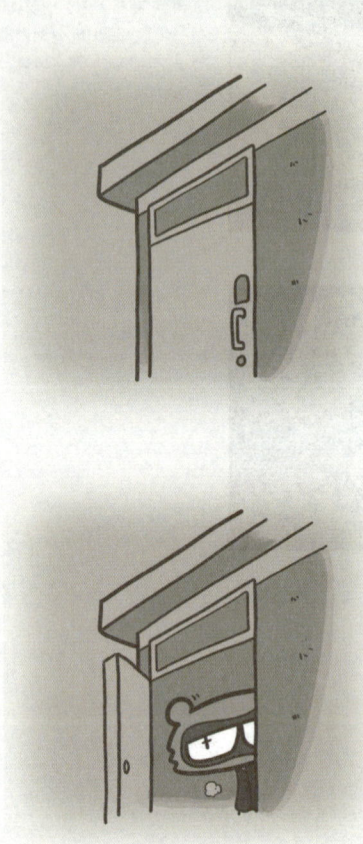

어느새 무리가 되어버린 가을 외투와

하루가 다르게 내려가는 굴 값.

아침에 몸을 일으키기엔 이불 한 장이 너무 무겁고

저녁에 몸을 눕히려면 가냘픈 요가 아쉬울 때

그제야 알 수 있다.

커피 한 모금이 더 따스한 계절이 돌아왔다고.

## 당신을 커피 전문가로 만들어주겠다.

커피는 절대~ 마실 필요 없습니다. 매뉴얼만 숙지하시면 됩니다.

일단 커피 전문가가 되기 위해 추앙해야 하는 제품과 브랜드들이 있습니다.

핸드드립 기구에서는 칼리타를 꼽아선 안 됩니다. 그것을 꼽을 경우 다른 커피 전문가들에게 무시당할 수 있습니다. 제일 좋은 매뉴얼은 고노나 하리오이고, 베스트는 넬이나 융드립 정도입니다. 그 제품이 집에 없어도 괜찮습니다. 커피 한 잔 안 마셔 봐도 됩니다.

에스프레소를 마실 때는 네스프레소보다는 모카포트를 추앙해야 합니다. 바리에이션 커피를 마신다고 하면 다른 전문가들이 깔봅니다. 아무것도 모르는 사람에게는 아포가토나 프라푸치노 같은 화려한 이름의 메뉴를 추앙한다고 해야 합니다. 이도저도 다 싫으면 심플하게 더블샷 정도를 추천해 드립니다.

요즘 카페 브랜드 중에서는 스타벅스를 타깃으로 잡고 장시간 동안 배로 원두를 들여오면서 썩히기 때문에 어지간하면 카페에는 잘 가지 않지만 꼭 가야 한다면 로스터리 숍에 간다고 하십시오. 할리스는 조금 애매한 위치군요. 일리를 추천해 드립니다. 이탈리아에서는 주로 이곳의 커피 마신다고 하면 됩니다. 이탈리아에 한 번도 안 가봤어도 괜찮습니다. 그러나 로스터리 숍이 더 낫다고 끝내 우기셔야 합니다. 가르쳐달라고 하면 여의도의 주빈이라는 카페로 보내십시오.

혹시 어떤 커피를 좋아하느냐는 질문을 받으면 바로 나인티플러스급 아리차를 마셔봤냐고 되물어보십시오 그러면 상대는 이내 얼어버립니다. 컵 오브 엑셀런스에서 90점 이상 받은 커피라고 해주면 됩니다. 무슨 맛이냐고 물으면 과일 맛 난다고 하지 말고 프루티하다고 답한 다음 잠깐 뜸을 들이고 우리나라는 수입체계가 아직 미약해서… 정도의 멘트만 아쉬운 듯 날리세요.

선호 국가는… 남미에선 콜롬비아 안 됩니다. 대신 코스타리카 강추. 아프리카 쪽도 케냐, 탄자니아는 꼽지 마십시오. 중동 쪽에서도 예멘 등은 안 됩니다.

품종에서는 게이샤가 가장 좋습니다. 사람들이 그런 커피가 어디 있냐고 우기면 이제 설명하기도 귀찮다는 표정으로 검색해 보라고 하십시오. 누차 말하지만 안 마셔봐도 괜찮습니다. 그냥 댓글마다 게이샤 덜덜덜 하시면 됩니다.

대충 이 정도입니다.

아… 그리고 마지막으로… 스타벅스에서 처음 커피 마시기 시작했다고 절대 고백하지 마십시오.

무시당하기 십상입니다….

한동안 블로그에서 인기를 몰았던 〈당신을 ○○○전문가로 만들어
주겠다〉 시리즈를 기억하시는 분이 있을지 모르겠습니다.
이 유형의 글은 처음 〈당신을 축구 전문가로 만들어주겠다〉나 〈당
신을 클래식 전문가로 만들어주겠다〉등에서 시작되고 이어졌습니다.
소위 지적 허세를 꼬집기 위해 쓰인 글들이지요.
그런 글을 읽다 보니 저도 커피와 관련된 글을 써보고 싶어졌습니
다. 이런 말을 하는 누군가를 겨냥하기 위한 글이 아닌, 조금이라도
아는 사람은 피식하고 웃을 만한 글을 써본 거죠. 실제로 존재하는
기업명을 사용하기도 하여 마음에 걸리는 면도 있습니다만, 사람들의
일반적 판단 기준을 염두에 두고 쓴 것이니 심각하게 생각하진 말아
주세요. 그리고 설마… 이 글을 보고 따라하실 분은 없으리라 믿습니
다.^^
커피를 아는 것은 물론 중요합니다.

하지만 '아는 것'은 '즐기는 것'을 위한 보조 도구에 지나지 않지
요. 적어도 저와 같은 일반 애호가의 입장에서는 더욱 그렇습니다. 앎
이 즐거운 이유는 즐거울 수 있는 가능성이 늘어나기 때문이니까요.
제가 전해 드린 조그만 지식이 당신 안에서 커다란 즐거움으로 변하
길 기대합니다.

칼리타 : 가장 흔하게 구할 수 있는 드립 세트를 만드는 메이커, 가
격, 성능 모두 초보가 사용하기에 적합한 세트들이지만
흔하다는 이유 하나로 무시당하곤 한다.

스타벅스 : 전 세계에 에스프레소 바리에이션 커피 열풍을 불러일
으킨 커피 프랜차이즈. 사람과 사람과의 관계를 중요시
한커피, 고객 위주의 감성 마케팅으로 커다란 성공을
거두었다. 그러나 다소 고가인 메뉴와 신선도 문제로
전통 에스프레소 지지자 및 네티즌들에게 '된장녀'
폭격을 받은 전력이 있다.

나인티플러스급 아리차 : 커핑 점수 90점 이상의 스페셜 티 커피.
풍부한 과일향과 맛이 뛰어난 커피지만
가격과 유통에 어려움이 있는 커피.

푸루티 : 과일 같은 향이나 맛을 표현하는 테이스팅 표현.

코스타리카 : '아라비카 only'라는 긍지 높은 커피와 세계 최고의
행복도를 자랑하는 나라.

게이샤 : 바로 떠오르는 일본의 그 여자분들과는 전혀 상관없는 이
름의 커피. 가벼운 보디에 산뜻한 신맛, 적절하게 떫은
뒷맛이 특징인 고가 커피다.